U0461238

著 文红 蒋韪鲔

QINZI ZHUANG
CHUANGYI YUANSU YANJIU

亲子装
创意元素研究

重庆大学出版社

图书在版编目(CIP)数据

亲子装创意元素研究 / 蒋韪鲔, 文红著. -- 重庆：重庆大学出版社, 2025.7. -- ISBN 978-7-5689-5210-1

Ⅰ. TS941.716

中国国家版本馆 CIP 数据核字第 2025G1F886 号

亲子装创意元素研究
QINZI ZHUANG CHUANGYI YUANSU YANJIU

蒋韪鲔　文　红　著

责任编辑:席远航　　版式设计:席远航
责任校对:刘志刚　　责任印制:张　策

*

重庆大学出版社出版发行

社址:重庆市沙坪坝区大学城西路 21 号

邮编:401331

电话:(023)88617190　88617185(中小学)

传真:(023)88617186　88617166

网址:http://www.cqup.com.cn

邮箱:fxk@cqup.com.cn(营销中心)

全国新华书店经销

印刷:重庆新生代彩印技术有限公司

*

开本:720mm×1020mm　1/16　印张:10.25　字数:120千

2025年7月第1版　2025年7月第1次印刷

ISBN 978-7-5689-5210-1　定价:78.00元

前　言

　　亲子服装是近代才开始兴起的服装类型,它融合了成人服装与儿童服装的元素,是人们亲情与情感链接在服装这一物质载体上的具体表现。亲子服装设计不仅是将亲子情感融入服装的过程,更是一种寓教于乐、传递正能量、促进家庭关系和谐发展的社会实践活动。亲子装服务于广大人民群众,既满足成人、儿童的穿着需求,也彰显家庭的整体形象,正是这无数个"小家庭"汇聚成了我们的"大国家"。

　　在多年高校亲子服装设计教学、实验等实践中,我对亲子服装的创意设计有了深入的思考和感悟。在设计领域,创意是一个永恒的话题。那么,亲子服装设计领域的创意元素有哪些?又有哪些可探索的可能性?深入思考后,我愈发感叹创意元素的广博与深邃。因此,我萌生了梳理、归类、解析这些元素的想法,旨在让人们领略创意元素的广阔与精妙,理解其意义的丰富与深远,拓宽对创意元素的认知边界,让有形与无形、可见与不可见都能以某种形式在服饰语境中得以传达。希望本书对创意元素的深入解析,能让读者更深刻地体会到设计语言的影响力,从而学会把控与应用这些元素,潜移默化地影响人们。在服饰设计领域,设计者通过服装设计语言与受众进行"对话",我期望能为这种"对话"的多样性与意义性贡献一份力量。

　　书中的一些观点,并非强求读者接受,而是希望能为读者带来一点启发,激起读者的思考或营造出某种被熏陶的氛围。心灵的陶冶、修养可以为创意的发现和体验奠定基础,当人的心灵如明镜般纯净时,便能照见世界并充实自己,在这广纳百川的设计过程中,创意元素之美自然会在其中熠熠生辉。

在此，我要特别感谢在撰写本书过程中给予我宝贵帮助的朋友们。他们的每条建议、每次耐心审阅和每份及时支持，都对我完成这部作品起到了至关重要的作用。回顾这段创作历程，我深刻体会到，没有他们的鼓励、意见和支持，这本书根本不会这么快面世。

著　者

2025年1月

目　录

第一章
元素的面相

第一节　创意元素

　　元素概念的起源较早,古代的埃及人和巴比伦人将水、空气、土地视为组成世界的元素,中国自古也有五行的学说。元素亦是化学中的常用名词,化学元素指具有相同核电荷数的一类原子的总称。在现代数学的集合论中,元素是构成集合的每个对象。集合论不仅限于数学领域,在社会生活和生产中,集合论的应用也十分广泛。组成特定集合、具有特定属性的对象,均可被称为元素,因此元素的定义是广泛的。在服装设计领域,元素被理解为构成服装整体造型及风格的基础单位。从广义上讲,服装设计所包含的一切,均可归为服装设计元素。从狭义上讲,目前多将款式、色彩、面料、图案等归为服装设计的主要元素,这也是服装设计领域较为普遍及常规的归类方式。然而,元素的面貌是变化多样的,以上定义掩盖了其多面性。创意元素即元素面貌中多彩的一面,可以是用于激发创造力和创新的各种元素或组件。

首先要区分的是"要素"与"元素"。二者的相似之处在于,都是指代构成整体或系统的基本组成部分;二者最大的区别在于"要素"具有必备性,而"元素"具有可选择性。"要素"通常是指一个整体必不可少的部分,例如,按传统分类方式,服装中的款式、色彩、面料、工艺、图案等,对于服装而言,更应被称为服装的"要素"。"元素"在设计中具有可选择性,因此创意元素可被理解为广义的服装设计元素的一部分。能被采纳、吸收并应用到服装设计当中,能够产生新意、意境的元素,都可被称为创意元素。因此,创意元素可以跨越服装的边界,包含广泛的事物及领域。创意元素经过设计者的思考,再输出,进而物化为多样的设计表现。流行元素的时代脉搏、时尚元素的先锋引领、自然元素的返璞归真、文化元素的源远流长、情感元素的恣意流淌……这些元素亦可单独使用或组合使用,以创造出独特、新颖和有吸引力的想法、设计或解决方案。

服装创意元素较之设计要素,更具有广泛性、跨越性、非理性的特征。服装创意元素可以有多种来源,包括文化、艺术、历史、自然、科技等。这些元素可以是图案、颜色、形状、线条等。服装创意元素也可以跨越不同的领域和界限,将不同的概念、文化和风格融合在一起。这种跨越性可以创造出独特的视觉效果和表达方式,使服装更具创新性。服装创意元素的选择和组合往往也不完全基于逻辑和理性思考,而更多地依赖于设计师的直觉、灵感和审美观念。这种非理性特征可以带来意想不到的效果和惊喜,使服装更具独特性。创意元素可以为服装设计师开启更广阔的创作空间和更多的可能性。

第二节　亲子装创意元素分类定级

亲子装是指孩子和家人共同穿着的相同元素、相同系列或相近风格的服装,亲子装可以使着装者及观察者在视觉和心理上形成整体感和统一感。亲子装主要由成人装和儿童装组成,表现为组合型服装,是现代流行服装的一个分支(图1-1),是能够展现亲情关系的服饰,可增进着装者之间的亲密度及家庭归属感。它突破了传统的女装、男装、童装的服装分类方式,与情侣装、姐妹装等共同构成了情感概念类服饰类别。

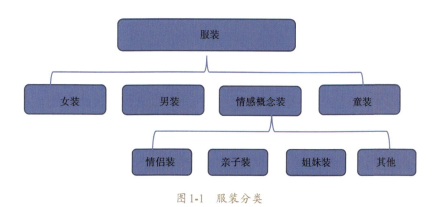

图1-1　服装分类

据文献资料记载,巴黎高级女装设计师简娜·郎万(Jeanne Lavin,以下简称"郎万")在1897年生下她的女儿后,就设计出了母女装。郎万和女儿经常穿着相似的服装出席各种时尚活动,亲子装自此迈入了时尚设计的视野。20世纪90年代末,欧美、日韩等地亲子装开始盛行。目前,国际一线服饰品牌大多加入了亲子服装的设计。在2003年下半年,国内媒体上开始出现关于亲子装的报道。迄今,也有了知名的亲子装服饰品牌,如汪小荷·范湧、YIAN·陆恩华、VICKY ZHANG、T100KIDS等(图1-2至图1-7)。国内亲子装的设计与研究较国外起步晚。随着社会经济的不断发展,人们的时尚审美意识得到提升,对家庭亲情的需求也在增强。因此,对亲子装的设计与研究也需要不断完善与深入。艺术设计一直在探索并追寻着创意的闪现与迸发。亲子装设计的灵魂也在于其美感及创意所营造出的整体特征,从而能够给人带来视觉上的冲击、精神上的慰藉等。此谓设计感染力,是服装艺术设计的魅力及精髓所在。

图1-2　T100KIDS品牌亲子装　　　图1-3　VICKYZHANG品牌亲子装

图1-4　汪小荷·范澐品牌亲子装

图1-5　VICKYZHANG品牌亲子装2

图1-6　YIAN·陆恩华品牌亲子装

图1-7　T100KIDS品牌亲子装2

　　创意元素种类繁多。为了更好地认知并把握创意元素，还需对其进行分类、定级，以便将其应用到设计中。王群山、王羿所著的《服装设计元素》一书，将设计元素分为三级，分别从形、质、量上加以区分。笔者认为其分类定级的角度及方式有独到之处，避免了过于琐碎的区分所带来的零乱感，从关联性的角度进行了统筹，具有可借鉴之处。从宏观的角度出发，可发掘元素的共性，关注其本质。据此，创意元素可分为五种类型，亦可定为五级，且同层级之内的元素并列互补，并无优劣上下之分，同层级的元素为形态、质态、状态、情态、量态类元素（图 1-8）。

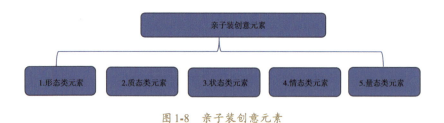

图 1-8　亲子装创意元素

　　形态类元素，指可见物的外形或样貌，可从事物中提取出来作为相对独立的形式元素。物质世界中的花朵、树叶、岩石、昆虫等均可被提取出圆形、扇形、方形、不规则形……物质世界可被发掘的形态元素众多，可为设计者提供源源不断的创意元素。如亲子装中的喇叭裤、蝙蝠袖、燕尾服等，即是对形态元素的提取与应用。

　　质态类元素，不同物质的属性展现出不同的质感，这种质感表现就是质态。如金属的光泽感、砂砾的粗糙感、树叶的纹理感、岩石的凹凸感等，这些事物不同的质感均可被提取并被应用到亲子装设计当中。目前，服装面料的设计再造中采用了较多质态类的元素。

　　状态类元素，指可见物或不可见物处于生成、发展、消亡等时期或各转化临界点时的事物发展态势。如水的流动、时间的流逝、事物的运动、王朝的更迭等,这些动态元素亦可成为设计的创意点。我们可观察到的静态事物均处于不断变化之中,呈现出的是绝对运动与相对静止,元素的界定可以超越可见之物。

情态类元素,指生命体在某种条件下所表现出来的心理与肢体的情形。这类元素包含了直观性与非直观性。如在我们的生活中,某种感受、情绪、情感等,多数是可意会而不可言传的,但也可在一定的条件下借某种形式与表象实现进行传达与显化。创意元素的界定可涉及情态元素。人类的思想与情感一直是人类世界中的强音及乐章,人与服饰的关联亦应是人与物的融合。

量态类元素,事物呈现出的数量、强弱、疏密、浓淡等量态特征。例如,在公元前6世纪,古希腊的毕达哥拉斯学派提出了黄金分割比例,即1∶0.618。把一条线段分割为两部分,使较大部分与全长的比值等于较小部分与较大部分的比值,1∶0.618这个比值即为黄金比例。其被认为是建筑和艺术中最理想的比例,在绘画、建筑、服装设计中,黄金分割比例被大量应用。事物的多少、大小、长短、宽窄、面积等均是量态。即使是同一事物,其数量、大小、强弱等发生变化时,也会呈现不同的形式与效果。

第三节　元素的创意加工

艺术设计的过程需依赖人来完成,创意元素在亲子装设计中的应用与表现同样以设计者为媒介。丰富多样的创意元素通过设计者的感官、思想、理念、方法、技能等被巧妙地融入服饰之中。同类元素经过不同设计者的创意加工,可以呈现出截然不同的样貌和内涵。设计者可以对元素进行分解、重组、堆砌、拼贴、重复、夸张、对比、变异等操作,且随着流行趋势的变化,新的操作手法或方式还会不断涌现。创意加工的过程使得同一元素能够演化出不同的效果,这种差异往往因人而异。关于元素创意加工的过程及方法的探讨研究,一直是艺术设计领域追求与探寻的热门方向。无穷的元素是否有无限的人为表现方法与方式?人类的创造与实践还有哪些可能性?对这些问题的探索,让艺术设计的旅程充满了趣味与期待。

服装本身是人类设计和制造的产物,无论是材料的选择、工艺的确定、设计的构思,还是流行元素的把握,都凝结了人类的智慧和创造力。元素的创意加工还体现在对其服务对象的创意加工上,设计者所设计的作品最终是要服务于人的。服装最基本的功能是遮蔽身体,保护身体免受外在环境的侵害。同时,服装也反映了不同时代、不同地域、不同民族的文化特色和审美观念,彰显着装者的身份、地位、个人魅力等。人们穿着服装,体验其功能,享受其美感。服装是伴随着人类的生理及心理需求诞生的,可见设计是人为的,也是为人的。受众在穿着和欣赏服装的过程中,会对服装进行解读和理解,从而形成对服装的独特认知和感受。这种认知和感受具有主观性和差异性,使得同样的服装在不同受众的视角下具有不同的意义和价值。

元素创意加工是设计者将无尽的创意融入作品,将其带入人们的视野与生活,同时美化人们的外在及内在。通过元素的创意加工,设计作品才得以实现。在创作过程中,服装设计者需要对时尚、文化、艺术等方面有敏锐的洞察力。他们从万事万物中汲取创意,然后将其转化为具有美感的服装产品,供人们穿着使用。在这个过程中,还需要考虑到材料、工艺、人体工学、舒适度等服装的实用性方面。服装设计师可以被视为造物之人,而服装艺术设计作品则是实用性和功能性兼备,审美价值和艺术魅力共融的人造之物。从这个角度来看,服装是通过造物之人所实现的人造之物,且最终服务于人。存在于这个世界上的可见物或不可见物,被人发现并提炼应用。如果元素脱离了创意加工,则仅仅表现为存在;而创意加工则可以赋予元素更丰富的表征、意义、内涵以及无限的可能性。

第四节　元素的代谢

服装本身具有时间和空间上的有限性,服装的流行亦是社会经济政治兴衰、个人文化心理状况、个体审美观念水准等多方面综合的体现。服装反映了特定时期的文化、审美和技术水平。随着时间的推移,服装会发生变化,服装中的创意元素也会随其变化而迭代。不同地域的服装风格、材料制作工艺等都要适应当时当地的特色和需求。

大多数人会关注当下流行的服饰,他们通过时尚杂志、社交媒体和时装秀等渠道了解当前的流行趋势和流行元素,从而根据自己的需求以及对自身的期望去选购服装。例如,他们会考虑服装适合的场合、季节、身材体型、身份气质等。服装是人们表达自我和展示个性的一种方式,人们可以选择那些符合自己风格和品位的服装来展示自己的独特个性;也可以选择具有特色元素的服装来表达自己的态度和价值观。通过穿着符合社会期望或群体认同的服装,人们可以获得归属感和认同感。就单个个体而言,其对服装的选择会随着个人意识的变化而变化。

服装中的设计元素不会一成不变,每个流行季的创意元素也应当有一定程度的更新,以满足人们对"新"的需求。法国高级时装设计师克里斯汀·迪奥曾说过："流行是按一定愿望展开的,当你对它厌倦时,就会去改变它;厌倦会使你很快抛弃先前曾十分喜爱的东西。"服装受众的需求和偏好是在不断变化的,设计师需要密切关注市场和消费群体的反馈,以了解他们的新需求和期望。每个流行季,都需要设计师引入新颖的创意元素。设计师可能会从时代文化、历史背景、科学技术等方面汲取元素,并将其融入服装设计之中。这些创意元素可以激发受众的购买欲望或引领流行审美倾向。可见,创意元素的代谢更新与流行趋势的发展变化有一定的关联。当某些元素被采用到服装中并取得了良好的设计效果时,在人们从众心理的效应下,会有越来越多的人喜欢并穿着该类型服装。

然而,持续一段时间之后,人们喜新厌旧的心理又使得该服装风靡一时的现象逐渐消退。继而需要有"新"的服装进入人们的视野,才能掀起下一季的流行风潮。这需要元素的代谢更新。例如,曾经流行的喇叭裤以其挺拔修长的气质广受追捧,但仍无法抵挡住流行元素的浪潮,之后被略宽松的萝卜裤替代;再随后又出现了直筒裤、九分裤、七分裤、铅笔裤等。

对于服饰品牌而言,元素的代谢更迭也很关键。前期引领时尚趋势的元素在代谢更迭的时候也会反向影响到后续创意元素的产生和选择。为了巩固品牌的风格特征,元素需要在保持相对稳定的同时还能推陈出新。每季选择代谢掉哪些元素、保留哪些元素,从而把握好代谢的度量与节奏,既能强化品牌形象,又能稳重求"新",品牌才能深入人心、充满活力。元素的代谢更迭是时尚产业创新的重要驱动力之一。设计师通过引入"新"的创意元素,才能为服装不断地注入新鲜感和独特性,推动又一波流行趋势的发展。一旦新的流行趋势或创意元素出现,服装界会迅速而广泛地采纳。这种快速的反应能力正是当下时尚产业的特色之一。普遍来说,在服装市场上,针对年轻消费对象的服饰往往更新的频率会更高;反之,则稍缓。

第五节 元素的协同

"协同"一词源自古希腊文,有同步、协调、协作、合作之意,是指协调两个或两个以上的不同元素、个体或范畴等,使其协同一致地达成某一目标、效果或结果。大千世界的物质组成琳琅满目、品类繁多,其中不少是人类的造物,如建筑、汽车、器具、绘画、服装等。然而,大多数还是大自然的产物。科学家们发现,纯自然物丰富繁多,却依然可以秩序井然地协同运行。例如,自然界中生物体的生长、代谢、繁殖、变异,有机体内部各部分之间展现出了令人难以置信的协调性。人类在呼吸、心跳、运动和血液循环的过程中,有上百万个不同类型的细胞在以高度协调的方式共同运作。1971年,德国物理学家赫尔曼·哈肯教授提出了协同概念,认为自然界及人类社会的各种事物普遍存在有序、无序的现象;在一定的条件下,有序和无序之间会相互转化。哈肯教授通过这个概念揭示了复杂系统中自组织现象的普适性质,尤其是如何从相对无序的状态演化到有序状态。协同学涉及的范围很广,可涵盖物理学、化学、生物学、经济学、社会学、设计学等。

系统各组成部分之间相互作用、协同合作,从而使宏观层面上的秩序和结构形成。元素仅作为存在状态时,是独立于服装之外的;将其融入亲子装设计之中时,则表现为服装整体的形式。对元素之于服装的探究始终脱离不了部分与整体的关系。元素在整体的发展运行过程中协调合作,同时,构成元素各自之间的协作可形成拉动效应,推

设计、艺术创作、产品创新等领域,我们最终看到的作品是创意的具体表现,但通常无法窥见背后推动创意产生的思考过程。由于个体思维方式和意识状态的不同,对同一元素会产生不同的反应。设计者可能通过观察社会现象、艺术作品或自然界中的模式获得启发,或从个人情感和记忆中汲取灵感,这些思维过程引导出不同的创意方向,因此,同一元素经过不同思维方式的提炼转化,会呈现出多样的面貌。

倒转思维,也称逆向思维,是从对象的反面或侧面进行思考,与惯性思维、顺向思维相反。它常被用于突破对事物的常规认识,有助于开拓新方案、新创意。在运用元素表现创意的思考中,可以采用条件倒转、作用倒转、过程倒转、因果逆向、观点逆向等方式。例如,在亲子装设计中,常规思维是缝制并构建服装,而逆向思维则是探索对完整服装进行打散分解与再重组,或破坏与再组织。这些设计手法都是逆向思维的表现。

发散思维是根据已有信息,从不同角度、方向进行扩散思考,以拓展思路,找到更多解决方案。如进行辐射发散、组合发散、特性发散、关系发散等。转换思维方法,则是将对其他事物的认识运用于设计中,在自然、社会等广阔事物与设计之间搭建起转换的桥梁,为设计带来更多创新和创意。在亲子装设计中,将儿童感兴趣的事物转化到设计中已有诸多成功案例,如将儿童喜爱的动植物、玩具、故事等转换应用到亲子装设计中,深受儿童的喜爱。

跳跃思维方法是一种非线性思维方式,表现为不依据逻辑步骤,有时直接从命题跳到答案,并进一步推而广之到其他相关可能。它具有灵活、新颖、变通等特点。在创意实现过程中,既需要逻辑思维,也需要非逻辑思维。而真正要实现创新,在某一阶段需要直觉、想象、顿悟等非逻辑思维形式。因此,跳跃性思维对于从事艺术工作的人来说至关重要。

创造性思维是用非传统方式解决问题,对同一问题从不同角度审视;无限制地生成想法,不考虑如何实现,释放思维和创意的流动;用思维导图组织关联信息;混合多个领域的知识;保持好奇,不断提问;对问题进行重新想象,对现有数据进行新颖组合等。创造性思维不受时间、空间的约束,也不受概念成规的局限。借助思维的羽翼,设计才能在创意的天空中翱翔。思维是人类对这个世界独特认知及期许的表达,设计者可以通过思维方式将元素进行衍化、变化、转换、升华等操作,以实现更优化的表现。无论是"新"或"旧"的元素,都可以被包含在创意之中。

二、好奇时代——社会文化中的元素涟漪

人们在选择并接受某种服装的同时,也接受了其所承载的文化内涵。我国著名作家沈从文先生曾说:"服装反映的不仅仅是个人穿着的情操,还有这个民族一种深厚悠久的文化。"人具有社会属性,每一代人都身处其对应时代的文化洪流之中,并不同程度地受其影响与感染。时代的流行思潮、审美观念、科学技术、文艺作品等无不对设计产生着深刻影响,这些元素可以隐喻或外显地表现在服装设计之中。

1.流行思潮类元素

流行思潮类元素能够反映出特定环境中对人们有广泛影响的思想或倾向。社会流行思潮指的是在一定时期内,社会上大多数人共同认同或流行的价值观念、行为方式和文化趋势。思潮如"潮水"般流

动,具有阶段性涨落的特性。各时代的思潮是一定时代社会存在的反映。例如,受技术革新和环境问题的影响,可持续发展和绿色生活逐渐成为全球流行思潮。在设计领域,"绿色"设计风尚逐渐兴起。"绿色"包含了尊重生命、节约资源、保护环境的内涵,涵盖了具有"回归自然、返璞归真"特质的元素,如自然素材。

"新东方主义"思潮是在"东方主义"基础上出现的。当下,一些国家和地区面对全球化影响与西方文化冲击时,对本土文化、传统价值乃至民族自豪感进行了重新评估和强调。它侧重关注东方的传统文化,选用东方元素,在继承传统文化底蕴的基础上进行创新,并将其运用到更深刻的层面。这表达了观察东方国家自身历史文化和现实问题的独特视角。

"复古"思潮是人们对过往历史时期的文化特征、文化符号、视觉形象等的回溯与再现。它倾向于回忆过去,重新发掘并流行已经过时的风格、设计、生活方式和文化现象。这种思潮源于对过去某个时期文化价值的赞赏和向往。在中外历史中的多个时期都出现过复古思潮,主要涉及文学、建筑、艺术等领域。在时尚领域,复古思潮体现在设计师将过去流行的元素再次运用到现代服装设计中。例如,在复古思潮的影响下,中国古代的服饰元素被再次提取并应用到现代服装设计之中,中国服饰品牌盖亚传说将中国古代的高贵吉祥纹样,如龙、凤、阁楼、祥云等结合刺绣工艺在服装上进行精雕细琢,再现了中国古代文化的精致与优雅(图1-9和图1-10),这也反映出了公众对文化持续性的重视和对传统的尊重。

　　"后现代主义"思潮始于20世纪六七十年代的西方国家,涉及文学、艺术、语言等诸多领域。其目的在于对现代文明发展的各个方面进行批判性的反思。在艺术创作中,后现代主义思潮往往倾向于混合不同风格和元素,创造出具有异质性的作品,反对传统的风格和流派界限。将后现代主义思潮元素融入服装,往往会使服装突破传统的形式美,呈现出错位、撕裂、发散、不确定等特点。

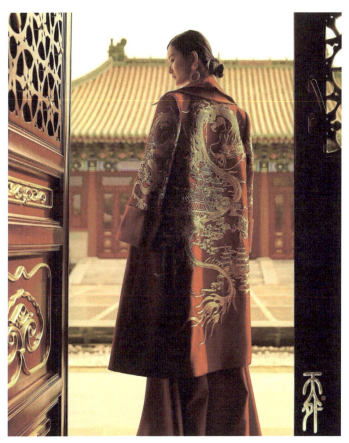

图1-9　盖亚传说2023秋冬系列

图1-10　盖亚传说2015春夏系列

随着信息技术的广泛应用,数字化生活方式已成为一种新的社会趋势。数字化思潮指的是在全球范围内,社会、经济和文化等各个领域逐渐转向使用数字技术的趋势。这股思潮强调利用数字工具和平台来影响各个领域,在服装设计领域,数字化思潮已带来了一系列显著变化。在线商城和社交媒体平台的兴起改变了服装的销售渠道,使消费者可以更方便地在线购买服装。增强现实(AR)和虚拟现实(VR)技术结合移动设备,为线上选购服装增添了新的互动元素,因此,非实物状态的虚拟服装也成为了时尚。通过数字化的3D设计软件,可以在虚拟环境中规划和构建出虚拟服装作品,无须消耗实际材料和物料,即可呈现出服装的完整视觉效果。如图1-11至图1-15所示,

图1-11 虚拟亲子装1(创作学生:蒋欣雨 指导教师:蒋题鲔)

图1-12 虚拟亲子装2(创作学生:蒋欣雨 指导教师:蒋题鲔)

图 1-13　虚拟亲子装3（创作学生：唐宇量、马嘉艺、龙洋　指导教师：曹涵颖、秦瑞雪）

图1-14　虚拟亲子装4（创作学生：唐宇量、马嘉艺、龙洋

指导教师：曹涵颖、秦瑞雪）

图1-15　虚拟亲子装5(创作学生:唐宇量、马嘉艺、龙洋　指导教师:曹涵颖、秦瑞雪)

即为在数字化思潮下创作的虚拟亲子服装。社会流行思潮是一个复杂而多元的概念,它与时代的变迁紧密相关,其所包含的所有元素都能在服装设计中得到体现。

2.审美观念类元素

审美观念类元素是审美主体对审美客体审美属性的系统性反映,体现为个体或群体对美的定义、偏好及评价标准的总和。其形成既受时代背景、阶级属性、民族传统和社会环境的综合影响,也因个体经历、文化积淀与价值取向的差异而呈现多样性特征。审美观念在很大程度上会影响人们对艺术、文学、设计乃至日常生活中的各种物象的感知与判断。不同的文明和时代都有其独特的审美观,从而在色彩使用、结构表现、装饰应用等方面展现出各自的倾向性。例如,日本思想家和美学家谷崎润一郎在其著作《阴翳之美》一书中提出了阴翳美学。他认为,暗淡并非单纯的黑色,而是光与影的交错,讲求在黑暗中的层次与光感,黑色是阴翳之美的重要元素之一,代表着神秘与包容。"阴翳之美"赞颂了那些在半光或阴暗中特有的、低调而精致的美感。谷崎润一郎认为,在日常生活中那些不被直接照亮的角落里,人们可以体会到一种更加细腻、内涵更加丰富的美。这种美学观念影响了日本的建筑、艺术、设计等多个领域,也是对不完美、短暂和朴素之物的价值肯定。著名服装设计师山本耀司则热衷于黑色,他所创作的服装以黑色为主(图1-16),并结合不同材质的混合搭配,使黑色在动态中也具有浓淡层次。他常常使用独特的折叠和褶皱技法,使服装在光影下呈现出独特的视觉效果。他的服装在不同的光线和观看角度下,都能展现出不同的侧面。他的服装不追求哗众取宠或过度装饰,而是将服装视为穿着者身体的延伸,既强调了功能性,也体现了一种低调而精湛

图 1-16　Yohji Yamamoto(山本耀司)服装设计作品

的审美,一种内敛且不言自明的美。这种设计哲学反映了一种对时间和自然过程的尊重,这也是"阴翳之美"所强调的审美态度之一。

在日本文化独特的审美观念下,诞生出了独特的设计。三宅一生以其在面料方面首创的丰富褶皱而出名。人们在穿着该类服饰静止时是合体的状态,在行动时,面料的褶皱会随着身体的活动而形成新的空间,人体不会受到束缚。褶皱也在动态的过程中展现出不同的变化,有一种流线形律动的美感。这种稍纵即逝的形态体现了"物哀美学"观念。物哀美学体系的成熟与禅宗思想的渗透密不可分,其追求"重瞬间,轻永恒"的理念。山本耀司认为,女性在宽大服装的包裹下更能体现其魅力,而不是通过裸露去展现。他所设计的服装往往具有宽大的版型、大面积的黑色、带有解构的裁剪，形成了中性化的特点，正是时下"性别模糊"审美观念的代表。MUJI（无印良品）旗下的子品牌 MUJI LABO 较早开始践行"无性别"的设计理念（图 1-17 和图 1-18），其品牌介绍中写道："MUJI LABO 制作的衣服不分性别、年龄或体型，男女通穿。这里是远离装饰时尚的实验室，从这里将诞生未来的 MUJI。"来自波兰华沙的 Van Hoyden（范·豪顿）（图 1-19）和来自瑞典的 Acne Studios（Acne 工作室）（图 1-20）也都是无性别品牌。"性别模糊化"服装正变得越来越受欢迎，这也是将常规的男女装元素进行了去界限化处理。

图 1-17　MUJI（无印良品）旗下的子品牌 MUJI LABO 所生产的服装 1

图1-18　MUJI(无印良品)旗下的子品牌MUJI LABO所生产的服装2

图1-19　Van Hoyden（范·豪顿）品牌2016年推出的派克大衣

图 1-20　Acne Studios(Acne 工作室)2024 春夏系列推出的服装

　　在美学领域,天人合一的审美观念强调艺术创作与自然有密切的关系,应体现人与自然的和谐共存。它强调人的内心世界与周围环境的对话和协调,主张艺术创作应当超越物质层面,达到精神世界与宇宙自然和谐的境界。在这样的审美观念下,服装配色多采用自然界的色彩,面料多选用棉、麻、丝、羊毛等天然纤维材质。服装的造型往往来源于对自然形态的观察和理解,服装的剪裁可能模拟大自然中的形态。这种审美观念强调人类与自然的联系,注重服装的可循环利用和环保理念等。通过这类服装,将这种审美观念传达给了穿着者和观赏者,实则也是倡导一种自然和谐的生活方式。审美观念会随着时间的推移而不断演变,不同文化之间的交流还会促进跨文化审美观念的相互影响与融合。新技术也会催生新的审美趋势。可见,这些元素还有广阔的可探索空间。

　　3.科技类元素

　　当科技元素与设计相遇,会碰撞出创意的火花。过去被认为是天马行空的想法,随着科技的发展也能得以实现。例如,会发光的衣服(图1-21)、自动开合的衣服、会变色的衣服等,都是科技元素融入服装的产物。科技为设计提供了前所未有的可能性。例如,虚拟现实和增强现实技术让我们能够以前所未有的方式体验设计。通过佩戴VR或AR设备,我们可以身临其境地置身于设计师创造的三维空间中,感受每一个设计细节。这种沉浸式的设计体验不仅让设计师能够更直观地展示自己的作品,还能让观众能够更深入地理解和欣赏设计。科技也推动了设计工具的不断创新。传统绘图工具已被数字化的设计软件所取代,这些设计软件使设计过程更加高效和便捷,设计师能够更加自由地发挥自己的创造力。

图1-21 会发光的服装

科技元素的加入为服装设计带来了更多助力与活力。如今,已有众多设计融入了科技元素,例如,广为人知的 LED 元素、3D 打印元素、新型纤维元素等。LED 光源是一种节能环保的光源,不含有害物质,安装使用也不会对环境造成污染。服装设计师侯赛因·查拉扬就曾将LED 灯添加到服装中,实现了服装的光电视觉效果。随着光电领域技术的进步,除了 LED 之外,还可以将冷光片和光纤织物等材料应用到服装中(图 1-22 和图 1-23)。3D 打印技术是一种快速成型技术,它以电脑数字模型文件为基础,运用粉状金属或塑料等可黏合材料,通过逐层打印的方式构造物体。在服装设计中应用 3D 打印技术,可以实现对服装设计及工艺的突破和创新。设计师借助 3D 打印技术,可以更加立体化、动态化并实时全面地掌握服装设计的整体与细节。荷兰服装品牌艾里斯·范·荷本(Irish van Herpen)的设计大量采用了科技元素,其推出的服装中就用到了 3D 打印技术,给观者带来了强烈的视觉冲击力,让人感受到时装世界之外的科技世界。

传统织物在服装上的应用已经不能完全满足现今人们对更高品质生活的需求。随着纤维提取技术的进步,如今可以从天然植物、食材中提取纤维元素,制造新型服装面料。如大豆纤维,这是一种极为环保的纤维,它是将大豆中提炼出的蛋白质溶解液通过纺织形成的纤维材料。这种面料具有良好的吸湿与导湿性能,柔软亲肤且光泽好,兼具了棉的舒适性、羊绒的柔软度和蚕丝的光泽感,目前已被广泛应用于服装领域。复合纤维技术的发展带来了可变色服装。在面料织物中添加光敏、湿敏、温敏等材料,可实现服装的可变色效果。这类复合纤维面料会随着外部环境的变化而反应,根据温度、湿度、光线的不同而变换出不同的颜色。伴随着科技进步出现的高性能纤维、智能纤维、纳米纤维等,都使服装在保暖、透气、抗菌、防紫外线等方面具有了更加优异的性能。自动化和机器人技术的融入更是实现了智能化穿戴,

图1-22 艾里斯·范·荷本2021春夏高级定制系列

图 1-23　艾里斯·范·荷本 2018 秋季高级定制系列

这类服装甚至可以检测穿着者的生理指标,如心率、体温、步数等(图1-24)。

随着现代科学技术的发展,越来越多的科技元素正被应用到服装设计之中(图1-25)。信息技术、生物技术、新材料技术、新能源技术、海洋技术、航天技术等的快速发展,都在推动着服装设计领域的革新。如今,科技类元素正在向人类传递出一项又一项新的体验、表达与形态。

图1-24　虚拟亲子装(创作学生:李林寒、周识宇、陆莹 指导教师:肖双)

图1-25　虚拟亲子装系列(创作学生:李林寒、周识宇、陆莹　指导教师:肖双)

4.跨界艺术类元素

相较于过往的历史时期,21世纪的艺术设计状况表现出了更大的自由性和包容性,艺术设计领域也出现了跨界融合的现象。在这样的趋势下,服装无疑可以跨越行业和领域局限,汲取更多姊妹艺术的养分,与更多艺术门类进行融合,从而拓展设计维度,拓宽应用广度。著名服装设计师伊夫·圣·洛朗可谓是实现跨界融合的先锋人物。在1965年,他推出了一系列短裙——"蒙德里安裙",将蒙德里安的抽象画艺术和服装设计进行了结合,使时装艺术与现代艺术巧妙地融为一体,相较于之前时尚界所流行的风格有了创新与突破。该系列服装表现出醒目而明快的色彩、简洁的几何构成图案等,在当时的时装界掀起了一轮简约主义的时尚风潮。巴黎高级时装品牌迪奥也曾推出展现古典绘画大师克里姆特作品特色的服装系列。克里姆特的装饰镶嵌画作品有着金碧辉煌的基调、强烈而璀璨的装饰效果,以及独特的色彩形式和造型语言,这些特点与迪奥品牌当季的诉求不谋而合,该服装一经推出便受到了关注。发布会现场视觉华丽、精美,可以清晰地看到克里姆特绘画元素为设计师带来的创意绽放。

较之西方绘画,中国画则以写意为其灵魂核心,水墨晕染、墨色浓淡、空灵寂静,其美学思想与笔墨精神和服装相融合,使现代服装散发出典雅之韵味。近年来,在国内外都受到热捧的中国服装品牌"盖娅传说",其设计师熊英女士在服装作品中把中国画水墨的色彩特色发挥得淋漓尽致,其设计作品(图1-26和图1-27)采用深浅不同的薄纱面料,其半透明的透叠效果表现出了水墨画独有的色彩韵味,墨色如烟云般若隐若现,轻盈且灵动。无论是西方绘画还是东方绘画,这些元素都正在被服装设计领域汲取,甚至有些作品以绘画的装裱框架形式来表现。来自荷兰的高端服装品牌维克多与罗夫(Viktor & Rolf)将绘画作品与超现实主义的时装相融合,创造出可穿戴式画框时装,也可以理解为让衣服成为挂在墙上的画,或者说挂在墙上的画能被穿在身上(图 1-28)。

图 1-26　盖娅传说 2020 春装　　　　图 1-27　盖娅传说 2017 春装

图 1-28　维克多&罗尔夫可穿戴式画框时装

　　黑格尔曾说过："服装是可移动的建筑。"一语道出了服装与建筑的关联。服装为身体创造出各式空间,可谓是能容纳身体的柔性建筑。服装与建筑都需要考虑空间感和比例感,都需要关注材料和技术的创新,都需要在美学和功能性之间找到平衡。建筑元素融入服装,这样的交集可催生更多创新的设计(图 1-29 和图 1-30)。音乐富有律动,有张有弛,有舒缓有激烈,跃动的旋律丰富着我们的听觉。将音乐元素的韵律与节奏贯通到服装中,可带来视觉上的韵律之美。中国的陶瓷艺术源远流长,我国设计师郭培、迪奥品牌设计师约翰·加利亚诺都曾在服装设计中采用青花瓷元素,使服装展现出清新端庄、典雅高贵的风格。壁画艺术、剪纸艺术、版画艺术、平面视觉设计艺术、装置艺术、雕塑艺术……都能为服装领域源源不断地提供创意元素。跨界艺术类元素既可塑造服装的外在美感,亦可丰富其内在格调。

图 1-29　建筑元素融入服装设计 1

图 1-30　建筑元素融入服装设计 2

无论是服装的设计者还是服装消费者,都处在一定时代的社会文化环境之中。各时代的社会文化也各具特色,我们不能一一尽述社会文化元素的方方面面。然而,若秉持开放之心与好奇之眼,终会察觉到创意元素的闪光点无处不在。

三、天地间有大美而不言——自然元素的奥妙与启示

在谈到人的时候,中国哲学往往认为人与大自然不应该被分开来考虑。这种思想在中国传统文化中有着深厚的根基。人被视为自然

的一部分,与自然界的万物相互依存、相互影响。人类的行为和思想应该顺应自然规律,与自然和谐共生。作为人类个体的设计者对创意元素的探寻,也无法无视大自然。中国传统哲学观提出了"天人合一"的思想,《庄子·齐物论》中提到"天地与我并生,而万物与我为一",意指天地万物是一个有机整体,人亦是自然界的组成部分,人与自然不应疏远或对立。这样的世界观可以使得人类与大自然的关系变得比较亲切。人们在自然界中所看到的任何事物,不仅与人有着外在的关系,也有着内在的生命能量互动。

1.植物类元素

在现代社会,尤其是工作并居住于城市中的人们,往往会面对生活的快节奏与高压力,其与大自然的接触与亲近也较少。自然界的元素可以带给人们"返璞归真"的审美意趣,帮助人们舒缓紧张而疲惫的身心。设计者在创作的过程中,孜孜以求去寻找"美"、表达"美"。然而,关于什么是"美",有着其深邃性和多面性,这不仅仅局限于艺术的范畴,还会跨越到科学、哲学的范畴。然而,如果我们从普通大众的日常生活和表象的角度去观察,会发现能够被大多数人从视觉上看到,从而在感受上体验到愉悦、和谐的事物,可被谓之"美"。自然界中的植物则具备了这样的"美"。大自然中的植物丰富多样且多姿多彩,绿叶的青葱、花朵的绚丽、树木的挺拔、枝干的曲折、藤蔓的蜿蜒、果实的饱满等,无不展现着自然造物的和谐之美。在人们的日常生活中,鲜花、绿植等被作为带有美好寓意的事物在人们之间被相互赠予。大自然的力量被赋予到了这些造物之中,可谓是自然之力的物质化。而设计者要做的则是将这些物质之美进行汲取和再创造,使人类所设计之物精神化。对自然元素的汲取与应用,可使服装包含自然与人文融合之精神。

对植物元素的探寻,不仅包含对其外形、色彩、质地等的视觉体验,还要深入地去体味其饱含的内在气韵,尤其是植物所蕴含的那种生机、灵动、平和的气韵,可将之贯注于服装设计之中。对植物元素的探寻在服装设计中,远不止于对其外观特性的简单借用。深入探索植物元素,还意味着要从其生长环境、生命周期、象征意义,乃至其在人类文化中的历史地位等多维度进行理解与感知。从视觉层面来看,植物的外形轮廓、叶脉纹理、花朵造型、果实形态,以及它们在四季中呈现的色彩变化,都是设计者可以汲取的元素。这些元素通过印花、刺绣、编织、面料改造等多种手法,巧妙地融入服装之中,使服装从视觉上呈现出自然之韵味,这也是设计中较常采用的方式。如若在设计中注重对植物元素内在气韵的把握与传达,则可让植物元素在服装中焕发更强的视觉效应(图 1-31 和图 1-32)。植物生长的姿态、生命力的焕发、季节更迭的变化,以及它在人类生活中的象征意义,都是耐人寻味的。例如,竹子不仅仅是一种绿色植物,在中国文化中更象征着坚韧不屈和高风亮节的内在气韵。梅花在中国文化中则代表着勇敢无畏、凌寒独放的气节。这些植物的内在气韵与服装设计相融合,可以创作出既有文化内涵又富有情感共鸣的作品。对于植物元素的探寻,不仅是对其外在之美的欣赏与借鉴,更是对其内在精神的领悟与传承。通过设计创作,可寄予服装自然之气韵,赠予着装之人,这本就是一项妙不可言之事。

图 1-31　Noir Kei Ninomiya(二宫启)2020 年春季成衣系列

图 1-32　Loewe(罗意威)2023 年春夏时装

2.动物类元素

动物作为大自然不可或缺的部分,人类对动物元素的钟爱源远流长。距今五千年前的古代埃及,眼镜蛇已被视为尼罗河神的象征,埃及统治者的王冠上常饰有眼镜蛇形态的装饰。在中国,"龙"自古被视为神圣且高贵的动物,龙纹作为中国传统纹样,被广泛应用于帝王的服饰中。在现代社会,人们对动物的喜爱依旧体现在服装上,通过多样的色彩、廓形、面料等展现各类动物元素。动物图案是服装设计中的流行元素,如豹纹、虎纹、蛇皮纹、斑马纹等,这些纹理独特,彰显了动物元素的魅力。此外,动物的造型也可转化为服装的立体造型,如蝙蝠衫、凤尾裙、鱼皮衣、燕尾服等,这是对动物形象进行艺术化处理的表现。动物的毛皮和羽毛等自然材质也常被用于服装设计,设计师可选择使用仿真毛皮、羽毛或其他合成材料来模拟动物的外形特征(图 1-33 和图 1-34)。

人类对动物具有天然的亲和力,因为许多动物展现出与人类相似的情感和行为特征,如亲情、友情、爱情等。这些共同点使人们在观察动物时产生情感共鸣,进而将这种情感投射到与动物相关的元素上。个人往往基于喜好而偏爱某类或某几类动物,动物元素也常传达出相应动物的特质和属性。许多动物因其可爱的外貌、有趣的行为或独特的习性而受人们喜爱,这些动物元素在服装中运用广泛,给人们带来愉悦感受。例如,兔子代表活泼、可爱,鸽子象征平安、和平,猫咪体现娇巧、灵巧,天鹅寓意美丽、优雅,老虎则代表凶猛、强悍等。动物的各色特质总能吸引不同人群的喜爱,将这些元素恰当融入服装,可使人们感受到这些美好特质的体现。在设计创作过程中,动物的形态及特征为设计师提供了基础设计元素信息,设计师再对其进行视觉上的审

图 1-33　Thom Browne（汤姆·布朗）男装 2014 年秋季发布

美升华,显然,这种方式能将服饰的审美层次提升,在自然之美的基础上叠加设计师的个性风格和思想内涵。以蝴蝶为例,它是公认的大自然美丽生灵,其形态、纹样已应用于众多绘画及设计作品。然而,设计师是否还能更深入地发掘其包含的设计元素呢?蝴蝶破茧而出,奋力振翅,张开羽翼的那一刻,所展现的蜕变光彩、节奏与律动、勇气与果敢,是否同样美妙?当蝴蝶在花丛中飞舞,阳光照射下,其翅膀扇动折射出五彩斑斓的光影,呈现梦幻迷离的视觉效果,是否也极具美感?若观察者将这些美的形态、状态、感受、氛围等应用于服装设计,是否

图1-34　儿童夹克外套的街头时尚

能赋予服装丰富而生动的意蕴？动物元素在服装设计中的创新可能性无限,如受萤火虫的启示,人们设计出交警夜间穿着的发光工作背心,以及登山者、科考人员穿着的发光服等;自然界中带有坚硬外壳的动物保护自身的方式也带给人们灵感,变通应用到服装上,人们设计出了可保护人体致命部位的防弹衣。自然界中还有可变色的动物、可变形的动物、能抵御极端天气的动物……动物们还能带给我们怎样的创新启示？对于动物元素,设计师和受众都应具备尊重和保护动物的意识,避免使用真实动物毛皮和其他会伤害动物的材料,选择环保和可持续的替代品。同时,设计师还应考虑文化差异和文化敏感性,确保设计作品既具吸引力,又引领正向的社会价值取向。

3.景色意境类元素

"桃之夭夭,灼灼其华""昔我往矣,杨柳依依;今我来思,雨雪霏霏。"这些《诗经》中的词句描述了大自然的清新之美。"明河有影微云外,清露无声万木中"出自明代画家沈周的《写怀寄僧》,描绘了星天月夜的幽静之美。大自然景色之美包罗万象,落日余晖、秀丽山川、七彩霞光、浩渺烟雨、流动浮云……这些客观的生态存在为无数文人、画家、设计师提供了创作灵感。景色之美被寄托在文艺作品中,所表达的是图景与思想情感的交融,从而形成了"意境"。"意"属主观范畴,"境"属客观范畴。正如元代文人汤垕所言:"山水之为物,禀造化之秀,阴阳晦暝,晴雨寒暑,朝昏昼夜,随形改变,有无穷之趣,自非胸中丘壑,汪汪洋洋,如万顷波,未易摹写。"意境的创造,并非对景物的直接模仿或复制,而是将客观景物作为人主观情思的象征,通过人独特的情感、经历和想象力的过滤,将客观世界转化为具有个人色彩的象征性意象。即便是同样的山水景色,映照到不同个体的心灵,所感所悟也各不相同。此时,景物往往成为表达个人思想情感的载体,它们与艺术家的内在世界相互映照、相互激发,从而创造出一种独特的艺术氛围,引领观者进入一种超越现实的精神体验。

意境的创造是一个更为复杂的过程,它要求艺术家深刻把握自然与人生的关系,通过对自然的色彩、肌理、形态等的巧妙运用,将个人感悟转化为能激发共鸣的艺术表达。因此,要创作出具有深度、高度、阔度的艺术作品,需要创作者具备精神层面的涵养。深层次的哲学思考和美学修养能帮助艺术家建构自己的世界观和价值观,并在作品中表达出来,这样的作品往往具有更广的思想深度和文化广度。心灵的活跃则能使艺术家超越常规,将日常生活中的平凡景物,通过独特视角转化为不平凡的艺术表现,从而触及人们内心深处的情感和思想。自然景致可谓是宇宙之心的映现,设计师需"外师造化,中得心源"。设计师可从大自然中汲取色彩、形态、节奏、平衡等自然精华,通过感受和思考创造性地将这些元素融合在一起,转化为既具有个人特色又与自然共鸣的设计(图1-35和图1-36)。设计师需用一颗诚挚之心映射自然之景,方能成就设计之美。

瑞士思想家阿米尔(Amiel)曾说:"一片自然风景是一个心灵的境界。"潮起潮落、昼夜轮换,水的律动、风的节奏,星辰的银白、晚霞的绯红、森林的青葱⋯⋯大自然毫不吝啬地向我们展示着它的秩序、节奏、色相、和谐。我们赏析、幽游、体悟自然,借以窥见内心深处的反映,"情"与"景"交融互渗,以形象为象征,成就艺术之境界。自然不仅是人们的栖身之所,更是精神的家园。人们即使通过一部分精神与自然的连接,也能触发更多创造性思考与艺术灵感。大自然是一个无穷尽的创造性源泉,元素数以万计,每一个角落都生机勃勃、层次丰富,都有着自己独特的韵律和秩序。体会自然,要始终保持谦虚和敬畏之心,自然的力量和智慧远超我们的理解。在设计领域的人们,也必须以保护和维护自然环境的方式回馈之。大自然所蕴元素面面俱全,无穷无尽,且需静观万象,在凝神寂照的体验中去领悟。

图1-35　玛丽·卡特兰佐高级成衣2013年秋季系列

图1-36　艾里斯·范·荷本品牌服装

第二章
展现那些美好的存在

第一节 秘境中的自然元素

从宏观至微观，山峦起伏、苔藓蔓延，自然界犹如玄妙神秘之境，蕴含众多可采集与提取的元素。它向所有人敞开怀抱，然而其被开掘与发现的程度取决于设计者感知、感受、认识的深入程度。如何表现那些美好的存在？从设计者的角度看，需积极调动自身的感知能力，汲取磅礴之气、律动之音、婀娜之形、空灵之意……当设计者具备了对自然的感知能力，并将其融合进艺术设计表现中，便可实现某种程度上的创意设计。

一、自然元素的采集

　　亲子装的风格可清新宁静且充满生机，自然界中不乏此类元素。若拟定以自然元素为核心，便需开始采集相关元素。我们可前往森林、花圃、田园等地，观察、拍摄、描绘自然景象，通过记录和欣赏大自然的美丽瞬间，感受自然界的宁静和谐。我们深切体会到优美的自然元素对人类的身心具有疗愈效果，因此，我们尝试通过艺术创作传递美好，疗愈心灵。希望观看和穿着此服装的人们能暂时逃离日常生活的喧嚣和压力，进入一个宁静美好的心灵空间，帮助生活节奏紧张的人们化解负面情绪，提升精神状态。

　　元素的采集可围绕设计意图展开，以此为中心点进行扩散式采集。在明确了创作的核心设计意图或主题后，可以此为出发点广泛收集相关元素。在广泛采集的基础上，逐渐收拢并对元素进行筛选，剔除与核心意图相关度不高的元素。设计者应集中精力挖掘那些能较好体现设计主题的核心元素。在具备核心元素后，设计者还需保留其余元素作为备选，以便在设计实施过程中提供额外选择，便于设计后续阶段的实施。

　　设计者也可在无明确目标的情况下采集自然元素，进行自由式元素采集，对自然的各种现象进行观察、记录及收集。在此过程中，可能会遇到某些特别吸引注意力的元素，这些元素能激发新的想法，设计者可能会因此触发灵感或想象。随着灵感的积累，设计者会逐渐构建起一个或几个可能的设计主题，这些主题将指导后续的设计工作，进而形成更加明确的设计目标。这些策略可根据设计者的工作流程和设计项目的需求被灵活运用。无论采用哪种方式，关键在于要从视觉、触觉、体觉等多方面去感受那些能触动我们的美好存在，从而创作出更具生命力和情感共鸣力的作品。

　　例如,在亲子装设计实践中展现自然元素时,我们尝试从更宏观的角度观察自然,以期获得更广阔的视野。我们采用远观、眺望、俯瞰等方式,依托航空拍摄设备,从高空俯瞰地球的自然面貌。地球上的海洋、森林、河流、山川等尽收眼底。远距离航拍下的地表与我们身处其中仅凭肉眼观察时所呈现的风貌截然不同,高空拍摄的地表呈现出层叠错落、色彩斑斓、纹理交错、脉络蔓延的视觉效果(图 2-1)。自然中还有常见的植物叶片、花瓣、藤蔓等元素,花瓣和谐的线形、烂漫的色彩,植物叶片脉络的蜿蜒交织,以及清晨莹莹闪耀的露珠等,都可将这些元素与宏观视效元素进行融合,实现元素的融合变化及升华。

　　艺术设计的表现不仅在于作品本身,创作中的思考、探索、尝试等过程也具有意义。创作不仅是对结果的展示,更是对过程的展开。创作中的思量、探索、尝试均是创作不可分割的部分,这些过程反映了创作者的意图、情感、价值观以及对材料、工具、技术的理解。采集元素也是创作过程的一部分,对于设计者而言,这是一种与美的对话,与生命律动的交流,可使设计者得到滋养与提升。

图 2-1　航拍视角下美丽的地球表面

二、元素的应用与表现

为将自然元素应用到亲子服装设计中,我们进行了大量实践与尝试。为展现航拍视角下大自然丰富且渐变的视觉效果,我们拟定在服装上设计较多细节与色彩变化。在初稿构图阶段,我们先勾画草图,通过草图勾勒出服装的大致廓形效果和肌理感分布状态,这样可以较快速地捕捉和修改整体构想(图 2-2)。至于那些需要更精细表现的设计细节、材质形状、组织方式等,则需在实物制作阶段在服装上进行直接创作。这种方式可以更直观地呈现构成效果,也更利于设计者把控元素的组织方式。在实体服装上直接创作复杂的细节和材质是更深层次的工作,设计者可以尝试将不同的材料和技术,如数字印花、植物印染或其他织物混合使用,以达到预期的视觉效果。这样的方式让设计师可以在现实材质的限制内寻找到最佳表达方式。

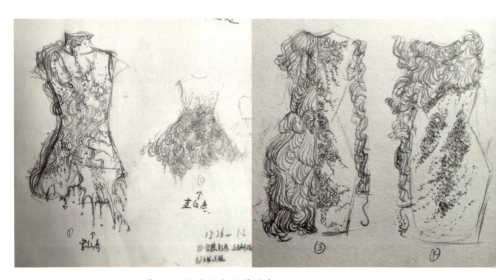

图 2-2　设计初期用草图勾画

在服装的制作过程中,我们频繁奔赴面料市场,比对并试验了多种面料材料,最终选择了软硬度适中的裸色网眼纱作为服装的基底面料。浅淡的色彩和轻薄的质地可以衬托凸显出附着其上的元素形色之丰富变化。对于脉络、山脉等元素的应用表现,我们对多种面料材质进行了缝纫再造的试验,最后采用质朴的白色棉布,并将其打褶缝纫,再进行染色处理,以达到预期的色彩及纹理效果。对于花瓣元素的色形表现,我们选用了绡作为面料,用激光切割的方式使其呈花瓣状,而后对这些绡片进行植物染色处理。我们采用了纯天然的植物染料,对面料材质进行了扎染及蜡染。前期的多次染色实验色彩或过于浅淡或过于单调,均未达到理想效果。偶然在一次染色后的晾干过程中,绡片因摆放间隔太近而彼此碰到了一起,在未干透的情况下出现了相互串色的现象,反而呈现出了两色渐变的融合效果。这一次偶然的"失误"带给了我们意外的惊喜,这样的色彩渐变使得服装的色彩更加丰富(图 2-3)。可见,偶然性和试验性质的尝试可以带来令人惊讶的意外效果。自然界的色彩往往源于不同元素的随机相互作用,这次的"失误"可以算是偶然地模拟了这一特点。在服装的线、形、色、质均得到一定落实之后,还需一些点缀。我们选用了水钻以及各色的闪亮钉珠在服装上进行点缀处理,闪亮的材质点缀在层叠的织物之间,仿佛其间的"露珠"在熠熠生辉(图 2-4)。质感、颜色及光泽的对比和融合,使得服装呈现出精致的工艺和艺术魅力(图 2-5)。

图2-3　对面料进行了再造、染色处理

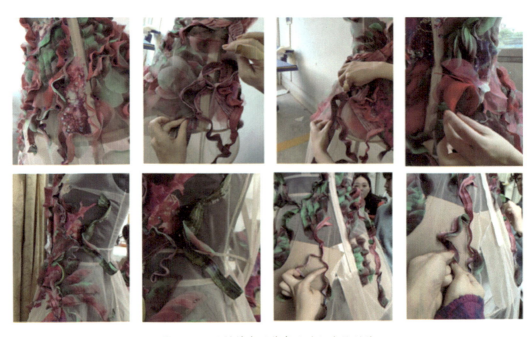

图2-4　运用材料在服装表面进行直接创作

图2-5　作品制作过程中呈现的效果

　　在服装实物的直接创作过程中,我们综合运用了排布、组织、手缝、黏接等创作方式,尝试了多样的层次变化和组合方法,注重元素的对比与衔接,尽力营造自然秘境的气息和海洋蔚然的氛围。在应用过程中,我们将相关元素进行了抽象化、具象化、实物化、概念化等综合表现,如虚实对比,繁疏结合,力求构建出具有自然气氛与生机律动的亲子装作品。

三、表现情感胜于模仿自然

　　来自自然界的创意元素在服装艺术作品中的展现,是模仿还是表现?在探索与实践的过程中,我们不禁思考这个问题。对自然的模仿或许是艺术创作的起点,但更深层次的艺术探究是向内看,是情感和心灵的表达,是艺术家个人真实体悟的展现。模仿不是单纯照搬,它更倾向于技术层面,也是艺术家所需的基本功之一;然而,模仿本身还不能成为艺术。艺术的表现是一种创造性的行为,它基于对自然的观察和理解,再通过艺术家内在的视角、情感和想象力来表达。这种表现不仅仅是对自然现象的复制,更是对其本质的理解、重构和再创造。

　　自然元素为我们提供了基本的创意素材,但元素的组织、变化、应用等则是依据设计者的意识进行建构的。其中包含两个主要层面:客体层面,即存在形式的自然元素;主观层面,即设计者对元素的认知与理解。主观层面与客体层面的碰撞与融合,进而诞生出了"艺术作品"。客体层面是现实基础,它们是可感知的,可以通过触摸和视觉辨识;而主观层面则与设计者的个人经验、情感、知识、想象力和创造力紧密相连。设计者观察到客体元素,经过其内在世界的加工和转化,可以呈现出与众不同的设计理念。这一过程不仅仅是对自然现象的复制,更是对这些元素意义的重新解读和表达。例如,在对图2-6至图2-8所示系列作品的表现中,设计者基于对自然的喜爱和好奇,进而想去表现自然的生机之美,揭示人与自然的息息相关、共生共荣的内在本质。可见,我们通过艺术作品想表现的不仅仅是自然本身,更是源于创作者的某种情感意识,试图通过作品启发人们对自然更加深切的思索,倡导人与环境之间相互依存的理念。

图2-6　创作学生:廖舜　指导老师:蒋匙鲔

图2-7　创作学生:廖舜　指导老师:蒋趔鲔

图 2-8　创作学生:廖舜　指导老师:蒋匙鲔

　　现代社会的人们在城市钢筋水泥的丛林中奔波,在社会的压力中力争上游,奋力攀爬,这些过程中,人们也在遗忘一些纯真的情感。尤其在快节奏、高压力的现代生活环境中,人们更容易忽略内心深处对自然宁静生活的向往。设计者可以用自己的方式去表现作品,试图通过作品建立起一种联系,表现人与自然的关联。一方面呈现自然界的和谐美感,另一方面则是尝试恢复、唤醒人们对自然的感知。当艺术作品能触动受众的情感,对于设计者而言总是欣慰的。然而,究其根源,其所揭示的是人与自然最本质的一体性,而作品则以某种视觉、观感或体验触动了与受众的这部分情感链接。当作品所表现的理念与人们内在的渴望和诉求相契合时,就会产生情感共鸣。这种情感共鸣可能源于多种感受,如对美的欣赏、对自然生活的追求、对自然和谐存在的向往等。作品本身以及其中蕴含的情感和信息,能够激发人们自身对于生活方式的反思,对大自然的敬畏,以及对现代社会价值观的重新考量。

第二节　元素的形、影、象

　　设计者们都在探寻创意元素,探寻的过程并非一定要苦苦求索、特立独行。如若采用更加轻松且敏锐的视角去观察自然、社会、人生……亦可有所收获。即使是司空见惯的事物,亦可从不同的维度去发掘其中的创意元素。即使面对的是同一事物,也可以从其形、影、象去提取不同意义的元素。

一、对形的萃取

事物的形,是事物的一种存在或表现形式,可以是事物的形状、形体、形态等,是对事物外在特征的描述。事物的形也是我们理解和感知世界的基本途径之一。物质世界中的事物形象多种多样,其细节也各有不同。如若从这些事物的具体形象出发,采用更概括性的维度去观察事物特征,去提取事物的形状等,这种从具体到抽象的过程可以带来视角上的转变和创新灵感,从而获得一些新颖的元素。在科学领域,比如物理学,概括性地研究事物的形状和结构,可以帮助人们揭示物体的物理性质或内在规律。例如,通过研究流体经过不同形状物体时的流场分布,能够设计出更为高效的飞行器或船舶。在艺术领域,艺术家通过观察生活中的事物,提取出具有象征意义的形态元素。例如,人们所熟悉的物质——水,其在液态时有流动之形;当水冻结时,又有固体之形;在雨滴状态时,又有飘洒之形……艺术家可以通过描绘水流的平静或动荡,来表达一系列的情绪和状态。水在冻结时形成冰,其固体之形具有了可塑性和稳定的形态,从冰晶的微观结构到冰雕的宏观之形我们都可以观察并感受到这一特性。当水以雨滴状态呈现时,其形态会随着空气的流动和地面撞击而不断变化,营造出动感和随机的形态特征。

通过观察我们会发现,当事物处于不同动静状态时,其形也会产生变化。这些形被应用到服装中,也可产生新颖的视觉效果。例如,对于流动形态的设计,设计师可以利用具有流动性的面料,如丝绸、雪纺等。这些面料可以在穿着者移动时随风摆动,模拟水或其他液体流动时的效果。衣服的剪裁也可以是不规则的或有波浪形的边缘,进一步强调流动感。对于静态的形态,设计师可能会选择结构性更强或质地更硬的材料,这些材料可以保持特定的形状,类似于冰或固体的稳定状态。这样的设计常常包括有力的线条和图案,给人一种坚实和有力的视觉冲击。

　　从不同的视角去观察事物,亦可提取出多样的形。即使是针对同一事物,对其观察的视角也可以是远距离、近距离、俯视、仰视等,其形也会呈现多样而丰富的变化。从不同视角提取的事物之形,总体上可分为具象之形和抽象之形这两个大类。具象之形是基于现实世界中可识别的对象或场景,这类形通常是观者能够立即辨认和关联到的。抽象之形则更侧重于通过线条、质感和几何形状来表达内在的情感、思想和概念,而非直接呈现现实中的物体。从不同视角提取出多样之形后,还可以根据设计者的意图进行取舍、结合。设计者可能会选择具象的形与抽象形结合,或者融合不同视角下的形式,以此制造出原创性和层次性较强的设计语言,从而构建出丰富多样的新颖服装形式,以打破常规思维的局限。如图 2-9、图 2-10 所示的亲子装设计中,将日常生活中我们所熟悉的事物,如杯子、勺子、糕点等,进行了具象形的选用,再辅以抽象的圆形、方形、心形的搭配。该亲子装设计对生活中的元素进行了提取与融合,构建出了富有美好生活韵味的亲子装作品,且具有较强的亲和力。

图2-9　创作学生：曾莹　指导老师：蒋题鲂

图2-10　创作学生：曾莹　指导老师：蒋趱鲔

二、对影的捕捉

如果光在传播过程中遇到不透明的物体,在物体后面光不能达到的地方就产生了影,物体挡住光线时所形成的四周有光中间无光的形象就是影,亦指不真切的形象或印象。从物理原理的角度去理解影的意义是偏理性的;如若从艺术设计的角度去捕捉影,则可带有更多缥缈虚幻之意味。影可以展现出事物的形貌特征,亦可是事物变化、转化后的展现。其可变性带给艺术创作更多的元素。

"影"这个概念可以拓宽设计的维度和深度。艺术家和设计师通常利用影子不仅可以表达事物的实体形态,还可以探讨时间、空间、记忆和情感等更为抽象的主题。"影"在艺术设计中的表现可以是多样的方式。首先是以形态和轮廓的方式表现,例如,通过光影对比,可以强化表现对象的轮廓和形态,产生强烈的视觉效果;其次是以暗示和隐喻的方式来表现,设计师可以利用影子来传达某种思想或隐喻意义,比如一个物体的影子可能代表过去的回忆或者未来的预示;还可以是以时间和动态变化方式来表现,观察影子随时间流逝的变化,可以体现出日夜更替、季节变换等自然规律。在艺术设计中,这可以用来增强作品的动态感和生命力;还有空间和深度的表现方式,在服装空间中,光与影的运用不仅能创造出引人入胜的氛围,还能够利用影子来改变人们对空间的感知,营造出深度和层次感;还有情感氛围的表现方式,阴影和光亮区域对比的恰当运用,可以全面地影响人们相互之间交流的情绪和氛围,例如,在服装设计中,通过在服装上模拟自然光影变化来衬托特定的情绪和氛围。

艺术设计的表现有时并非直白的声张,可能会采用含蓄的、半遮掩的方式来进行表现。影往往是隐藏且变化的,因而需要我们去静心观察与捕捉。将一些影迹在设计中进行表现,亦可以带来隐喻的空灵之感,让创作者和观者皆有可思索寻味的空间,这何尝不是艺术的一种妙趣。宋代辛弃疾的《和傅岩叟梅花》中的"暗香疏影",就表达出了梅花扑鼻的清香及其枝干树影稀疏的美好意境。这些诗句通过暗香与疏影的结合,传达了一种超凡脱俗的境界;同时通过影像的使用,营造了一种动静结合、内外兼修的美学效果。在服装的视觉艺术中,也同样可以捕捉并表现这种细腻的美学意趣,通过对"影"的捕捉和艺术性的演绎,创作出富有意趣的服装作品。

　　"影"以不同的形式呈现出物体和周边环境的不同风貌、美感。事物的倒影若隐若现,它们的模糊感与不稳定性可给人以悠远与梦境之感;事物的阴影幽暗深沉,它静谧且深邃,可营造出宁静与神秘的氛围,亦能够强化物体的体积感和立体感;事物的光影斑斓多变、迷离交错,光影的游走和变换让我们的视觉世界充满了动态与变化,它们的交织构成了富有层次与节奏的视觉韵律;事物的剪影简约概括,剪影以其鲜明的轮廓和简洁的形式,减去了细节的干扰,让人们专注于事物的本质与形态美。光影易逝而多变,有水面上一闪而过的浮光掠影,有厮杀之气的刀光剑影,有虚空易碎的梦幻泡影……仅仅追求事物意象的光影变化,我们发现的美好已是不胜枚举。透过影像,我们可以观察与理解事物的不同方面,它们反映出物质世界与艺术创造相结合的无限可能。

三、对象的表现

　　"象"在中文中是一个多义词,既指自然界中生物或物体的外在形态、样子,也指事物的内在本质和外在表现的统一。在中国文化中,"象"常与"意"搭配,形成"意象",指的是艺术创作中对事物外形和内在意义的把握和表现。在中国的哲学和艺术传统中,形象不仅是外表的模仿,更是形式和内容的统一,追求通过形象传达深层的内容和精神意境。"象"在古代中国还与"象征"有关,许多事物被赋予了特定的象征意义,这种思维方式在《易经》等中国古典哲学文献中占据重要地位,如八卦中的各种符号,代表自然和人类社会生活的各种基本原理。可见,"象"在中文中是一个内涵丰富的词汇。

如果说"形"和"影"分别偏向具象和抽象,那么"象"则兼容二者,既可指具象,也可指抽象。"形"通常指事物的外形、轮廓或结构,相对具体实在,如"体形""形状",它依赖于直接的感官观察。"影"则偏向事物的映像或影子,比"形"更虚幻,如"倒影"或"影子",是光线在物体表面反射或透过物体后形成的无实体映射。"象"介于这两者之间,指代更丰富的概念,包括但不限于物体的形态,既可反映事物的直接外形,也可表达事物的深层意义和内在特性,或作为象征传递更抽象的概念。因此,"象"在表达时可融合"形"和"影"的特点,推向更具象或更抽象的层次。在文学、艺术乃至哲学的探讨中,"象"常被用来领会和表述事物的综合表现,涵盖形状、意境、精神、象征等多方面内容。

大千世界,形象万千,如天象、星象、气象、景象、相貌、肖像等。天象:指天空中出现的各种自然现象,如日食、月食、彗星、流星等。星象:主要指夜空中星星的排列和运动,古代哲学和占星术常涉及星象的观察和解读。气象:包括天气和大气现象,如风、雨、雪、霜、雷电等。景象:指自然界或人造环境中的视觉画面,既可是宏伟的山河景色,也可是城市街头的日常场景。相貌:指人的面容特征,包括五官、表情等。肖像:是对某人面部或整个身体的描绘,可为绘画、照片或雕塑等形式。通过对"象"的不断探讨和表达,人们试图理解和诠释周围的世界。以人的相貌为例,如图 2-11 和图 2-12 所示,设计师在服装上清晰地表现出人物的面部特征与细节，将其面部在服装上的比例适当加大，仅选用布料材质无法塑造出面部精细而起伏的造型，因此选用了纸浆进行塑形、风干、染色等处理，实现了对人物面部的细致表现和材质的恰当应用，赋予服装雕塑般的韵味。

图2-11　创作团队：蒋魁鲔、谭怡丽、罗文成、杨雪芩

图2-12　创作团队：蒋踶鲔、谭怡丽、罗文成、杨雪芩

对事物形态、样子的发掘，需要设计师的把控。面对人或物的各色之“象”，宏观体味、微观深究或局部探索等，均可由设计师自由尝试，让“象”的点、线、色、形、韵等都包含意义、情感、价值。对于“象”的表现，亦可表现其所蕴含的境界。老子在《道德经》中提到“大象无形”，可理解为恢宏、崇高、壮丽的气派和境界，往往不拘泥于一定事物的格局，而是表现出气象万千的面貌和场景。可见，有形或无形都可是“象”的表现，那些看似“无形”之中也能成其泱泱大象。如若设计师在无形中寻找“大象”的表达，这既是一种创作的挑战，也是他们对美和哲学理解的不断深化，此中之境界还有待设计师不懈地探寻。

第三节　孩童般的视角——富有童趣的创意元素

趣味具有使人感到愉悦、能引起注意的特性,它使人觉得有意思,会让人产生吸引力。具有趣味性的服装能有效地吸引人的关注和认同,使人感受到愉悦、舒适、快乐,也能给人提供良好的精神情感体验。从目前服装市场的销售情况分析可见,富有趣味性的服装产品越来越受到消费者的喜爱,也更容易占据市场,尤其是亲子装及童装领域。

孩童对多种多样事物具有好奇心与探知欲。儿童天生带有纯洁感和简单的快乐,他们对事物的感受往往不受成人世界复杂性的影响。在艺术设计创作中,"童趣"经常被捕捉和表现,以传递纯粹、快乐、无拘无束的感觉。成年后,人们的工作和生活往往充满压力和责任,可能逐渐失去童趣。成人通过回忆儿童时期的感受,或通过观察和体验儿童的世界,常常能重新发现生活的乐趣,这也被看作是一种回归初心,找回生活中的简单快乐和灵感的方式。透过孩童的视角,将儿童生活中所喜爱和感兴趣的事物进行设计与再创造,将这些元素应用到服装上,不仅能引起小朋友的兴趣,也能唤起成人对童年美好回忆的共鸣。

一、动画片元素

动画片是现代儿童普遍喜爱且感兴趣的事物之一,观看动画片逐渐成为了儿童生活中重要的组成部分。各种不同类型的动画片不仅能使儿童身心愉悦,还能寓教于乐,尤其是动画片中的各种角色,也成为了儿童热衷于模仿的对象。动画片还提供了孩童与父母可共享的活动,促进了家庭内的互动和沟通,是可应用于亲子装中的重要元素。

因此,将儿童所熟悉且喜爱的动画形象、动画场景等元素应用到亲子服装设计当中,将能够有效地吸引儿童的关注与兴趣,激发他们对服装的喜好。服装的设计和图案与儿童的兴趣点和情感体验密切相关,儿童所感兴趣的动画形象各有不同,动画人物、场景或特定的动画主题,都可以成为亮点,让服装更具特色。在设计这类元素的服装时,需要认真分析不同群体和年龄层次儿童的喜好。不同年龄段孩童对不同的动画有不同的喜好,例如,儿童通常喜欢鲜明和多彩的颜色,女孩普遍喜欢可爱的形象,如白雪公主、米奇(图2-13)、芭比等;男孩则希望自己勇敢、强大,对英雄人物充满崇拜与向往,因此喜爱具有英雄特色的动画形象,如蝙蝠侠、变形金刚、蜘蛛侠、超人等(图2-14)。

图2-13　动画片元素——米奇的应用

图 2-14　动画片元素—超人的应用

　　1~2岁的宝宝正处在语言能力发展初期阶段,对语言的理解和表达都相对有限,更多地依赖于视觉图像和身体动作来理解世界和沟通交流。他们所喜爱的动画片一般色彩鲜明、情节简单,甚至大部分不通过语言来表现,而是通过画面和动作来表达情节,例如,《天线宝宝》这一动画形象就适合该年龄段宝宝的认知。该动画以四个颜色各异、性格独特的主角为中心,通过简单重复的动作、明亮的色彩和快乐的音乐来吸引孩童,因此将这样的动画形象运用到服装上,能够有效引起宝宝的兴趣。若应用一些超越这个年龄段的动画形象,则较难激发其兴趣。3岁之后,儿童的语言能力逐渐增强,开始能够理解更加复杂的故事情节,兴趣范围也会相应扩大,能够接受更多类型的动画片,跟随更复杂的对话和情节,并对不同的动画角色和故事产生情感投入。

由于这个年龄段的儿童已经有能力模仿和学习,国内外的动画片都可能成为他们的喜好对象,甚至包括一些外语的动画片,这为服装设计提供了更多灵感来源和设计元素的选择。可以根据当季儿童喜爱的动画形象进行选择并应用。与成人相比,儿童的身体没有明显的凹凸曲线,因此在儿童服装的廓型设计上也可以展现趣味性,例如,在童装中运用米老鼠、唐老鸭等轮廓造型,这一类服装轮廓造型新颖夸张,适合儿童在游戏时穿着。

动画元素的应用可以体现在服装的图案纹样、轮廓造型、色彩色调、面料辅料等多个方面。在采用动画元素的过程中也需要注意,如若使用知名动画形象,需要确保有合法的授权,避免侵犯版权。设计中也应当选择一些有益于儿童成长和学习的动画形象,动画元素的意义远不止于娱乐性,它还可以包含设计教育、心理发展以及情感建立等多个层面。随着媒体技术的不断进步,高质量且内容丰富的动画片越来越多,各种不同类型的动画片针对不同年龄段的儿童,涵盖了许多价值观教育、知识传授和行为指导等内容,这些元素不仅具有娱乐效应,也可成为一种教育资源。

二、动植物元素

人类作为自然界的一部分,儿童天生就怀揣着认识自然、亲近自然的愿望。对自然界的探索,是儿童兴趣之所在。与自然接触对孩童的身心健康具有积极影响。自然界物种丰富多样,花朵、树木、鸟兽、虫鱼等不仅能激发孩子的好奇心,还能促进他们感官的发展及对世界的认知,设计者可将这些元素巧妙融入服装设计之中。

　　动物元素的应用形式多样。写实性地将动物造型融入服装中,可直观展现动物的形象与特征。儿童对直观事物的认知度较高,能迅速接收传递的信息。男童服装上以写实方式呈现熊怒吼的形象,棕熊浓密的毛发、锋利的牙齿、张开的大口(图 2-15),尽显动物在自然界原始而威猛的状态。此写实性表现有助于儿童了解动物特征,同时,凶猛动物元素能有效激发儿童的斗志与无畏精神。温顺可爱的动物,如小白兔、小鸟、猫咪、考拉、小熊(图 2-16)等,则能促进儿童在审美能力、沟通能力、安全感等方面的提升;新颖奇特的动物则能启发儿童的联想与想象能力。

　　将动物元素进行抽象化设计处理,亦是有效应用方式。抽象化即指对真实形象进行取舍选择,提取其本质特征,是现实形象的更概念化的体现。例如,将动物造型提炼为色块组合或线条表现形式,用更符号化的视觉语言展现动物特征,使设计更具个性特色。对动物元素进行拟人化设计,亦是儿童喜爱的形式。将动物形象拟人化,赋予其人类性格特征,如开心活泼、趣味幽默、聪明伶俐、彬彬有礼、勇敢坚强等,通过恰当的设计造型方法表现出动物拟人化特征,使设计作品具有亲和力,易使儿童产生心理共鸣,从而启发其内在优良品质。动物元素还可与服装部件、部位相结合,随人体姿态改变产生趣味视觉效果。如图 2-17 所示,鳄鱼头部设计在服装袖型上,儿童穿着此服装时,手臂运动可使服装上的鳄鱼呈现抬头、低头、张嘴等视觉效果,增添服装的变化性与趣味性。活泼可爱的动物卡通形象(图 2-18)也是亲子装的常用元素。

图 2-15　写实性应用动物造型

图 2-16　动物元素的应用 1

图 2-17　动物元素的应用 2

图 2-18　动物元素的应用 3

　　植物元素源自大自然中形态各异的植物,如花草、树木、果实、藤蔓等。植物乃大自然之造化,其天然形态独具美感,或婀娜多姿,或挺拔刚劲,或五彩缤纷,或清丽秀雅。中外悠久历史文化中,不乏赞美植物之美者。中国人热爱莲花之高雅圣洁,日本人钟情樱花之缤纷繁盛,加拿大人则挚爱枫树叶,甚至将其绘于国旗之上。人类对植物之美的认同由来已久。在亲子装设计中,植物之天然美可衬托儿童纯洁、天真之特性;植物之刚劲美可启发儿童勇敢、进取之品质;植物之缤纷多彩美则可凸显儿童活泼、可爱之特点。植物元素在服装上可具象、抽象地表现,可整体、局部地表现,亦可平面式、立体式地表现。具象表现即将植物形态、颜色、纹理等特征具象化于服装(图2-19和图2-20)之上;抽象表现则是对具体植物进行艺术加工和概念化表达;整体表现指在服装上完整表达植物全貌,或整件衣服均采用植物元素,形成自然而连贯的视觉效果;局部表现则在服装上采取植物某些局部进行表达,或将植物元素应用于服装某些部位进行点缀,打造视觉焦点;平面式表现主要以平面图案形式出现于服装上,通过织物印花、绘画或印刻技术实现;立体式表现则是将植物元素以三维形态附着于服装上,如添加真实干花、编织花朵,或用布料剪裁和堆叠技术制作出立体花朵和树叶等效果(图2-21和图2-22)。恰当的设计不仅能满足儿童对自然界的好奇和探索欲,还能帮助他们在穿着中感受大自然的美好。

图 2-19 植物元素在亲子装上的应用 1

图 2-20　植物元素在亲子装上的应用 2

图2-21　植物元素在亲子装上的立体式应用1

图 2-22　植物元素在亲子装上的立体式应用2

三、字母和数字元素的应用

儿童在早期教育阶段开始学习字母和数字,这是他们认知和计算能力的基础。将这些元素应用到服装上,不仅可以创造有趣且引人瞩目的视觉效果,还能促进儿童的认知学习能力(图 2-23 和图 2-24)。符号化的视觉形式易于儿童接受并记忆。

字母和数字的书写方式已标准化,将其应用到服装上需进行再创造,展现更多元化的艺术表现形式。可对字母数字进行卡通化处理,使原本规整的形式产生变化;也可对其进行扭曲、变形、肌理化、材质化、拟人化等处理。例如,让字母呈现溶化状态,将字母数字的某些部分进行延伸或压缩,制造出一种动态熔解的感觉;或者将字母数字的直线变成曲线,将某些角落进行圆润处理等,这有助于展现字母数字的趣味性。肌理化方式可将简单的字母数字基本结构变得更加复杂和有趣;材质化方式则可赋予字母数字不同质感,如木材质感、金属质感、玻璃质感等,从而赋予其不同的风格和感觉。拟人化则是为字母和数字添加上眼睛、鼻子、嘴巴、手、脚等人类特征,通过灵活多样的方式让字母和数字的造型变得生动有趣,更符合儿童的审美特点。同时,可将字母和数字进行色彩变换、组合,形成更明艳、多彩的视觉效果,因为鲜艳色彩的事物对儿童更具吸引力。材料上如若使用特殊的印刷材料或反光、荧光、变色等特殊效果的面料,既可营造服装的趣味性,还可使字母和数字在不同的光线和角度下展现出不同的视觉效果。设计师还可借助不同的文化风格对字母数字进行演绎,如涂鸦表现、复古印刷体表现、东方书法表现等,以展现多元文化的魅力。

图 2-23　字母元素的应用　　　　图 2-24　字母元素的材质化、基理化

　　将字母数字元素进行多种形式的排列组合与排布,可得到风格各异的视觉效果。例如,将元素进行重复构成,把字母和数字进行重复排列,可在视觉上产生延续和强化,形成形式美感。将元素进行渐变式设计,把字母和数字进行疏密渐变、虚实渐变、色彩渐变、形状渐变等排列构成,能够产生节奏韵律的形式美感。也可将元素进行发射状、特异性、透视性的分布等构成设计,运用多样的排布方式,使元素在服装上的应用更加灵活,产生出空间感、立体感的视觉效果,有效激发儿童的好奇心与想象力。字母数字类元素还具备一定游戏性,设计师们可尝试在服装上设置一些可以互动的元素,如可移动的字母或数字贴片,孩子们可通过玩耍这些贴片来识别和学习这些符号;将服装设计作为辅助学习的工具,例如,在T恤上印制字母或数字序列,或者在衣服上附带教学卡片等,让穿着体验和学习结合起来;还可利用字母和数字讲述一个故事,将其串联为一个整体的图案或者服装系列,

通过视觉叙事提高儿童对字母和数字的兴趣。设计作品可具备教育意义,且通过日常穿着的自然接触,能够无压力地促进儿童对字母和数字的学习,这是一种融合时尚与教育的创新方式。

四、图画类元素

运用色彩、线条来描绘各种形象是人类文化中一项重要的创造性活动。图画是人类审美需求和审美观念的产物,画作承载着创作者的主观意念、思想情感,优秀的画作能够感染观者。图画通过非文字性的方式来表达内涵,运用色彩、线条、明暗、透视等形象化的方式来传递信息、表达内容。人类世界的语言各有不同,然而图画形式的艺术作品却能够跨越语言文字的鸿沟,儿童对图画作品的接受和喜爱也部分基于这些原因。儿童的语言文字能力还处于发展阶段,通过文字所能接收的信息是有限的,然而孩子们透过图画却能直观地观察并认识形象,有效接受传递的信息。儿童阶段认知的显著特征就是对直观化和形象化事物的认知度较高,在广泛的儿童书籍读物中,大量采用了图文结合式、绘本式,正是基于此因素。因而,图画元素和亲子服装的结合应用是有效且可行的。

如将中国传统画应用到儿童服装上,不仅可以展示中国传统艺术的独特魅力,也能增强孩童对中国传统文化的认知和兴趣。把中国水墨画墨色晕染、灵秀飘逸的特征应用到服装上,可使服装具有中国传统审美的意趣。这类型的亲子服装既要突出水墨画自然流畅和灵秀飘逸的特点,也要考虑服装的穿着舒适性和日常实用性,以适应孩童活泼的特性。民俗画也可应用到儿童服装上,民俗画通常包括了对自然、动物、花卉、神话故事等内容的描绘,富含吉祥、喜庆的寓意,具备生活化、生动化的特征。民俗画中的吉祥物、传统故事和符号图案等可巧妙地融入服装设计中,通过有效的结合应用,可使儿童自然地了解和欣赏民族文化的美。油画起源于西方,是一种在西方国家开花结果的艺术形式,通常以其饱和的色彩、复杂的质感和深厚的文化内涵而闻名。将油画技法和元素应用到服装设计中,有抽象的形式、具象的形式,也可采用一些知名画作(图 2-25)。抽象与具象的形式都可应用于亲子装设计当中,但通常具象形式更易于被儿童理解和接受。设计师可用简化和卡通化的方式使油画作品更符合儿童的审美。绘画在儿童服装上的应用,要进行适当取舍,选择那些精神文化内涵积极向上、绘画内容符合儿童审美的作品,让儿童在着装的同时接受到艺术的熏陶。

图 2-25　油画在亲子装上的应用

随着科技的发展,诞生了数码画。数码画有别于传统绘画方式,是应用数码技术在电脑上通过软件进行绘画,其画面具有写实效果,描绘的形象十分逼真,尤其适合表现科幻题材的人物及场景。许多儿童对科幻题材的事物兴趣度较高,尤其是男童,对科幻、太空探索、超级英雄和未来世界等题材感兴趣。借助数码绘画,设计师可以轻松修改颜色、形状和布局,使得设计过程更加高效。数码画可以比较容易地转换成印花设计,这让服装制造商能将复杂且详尽的图案印制在各种服装材料上。将科幻内容题材用数码绘画的方式应用到服装上,颇受儿童喜爱。这样的服装不仅可以提供给儿童一个展示个性和兴趣的机会,也能激发他们对未来科技世界的好奇和想象,同时符合现代社会对科技、艺术与日常生活融合的趋势。

儿童可以是画作的观者,也可以是画作的创作者。儿童的画作往往直观、真挚且创造力丰富,他们通过稚嫩的色彩和线条进行绘画创作,以奇思妙想的思维方式创作出童趣十足且风格独特的画作,在画面上编织出神奇曼妙的形象与世界。儿童画包括简笔画、蜡笔画、水彩画、涂鸦画等,儿童通过自己的绘画表达出个人感受和想法。当这些画作被应用到服装上时,他们可以通过着装来展示自己的创造性和独特性(图 2-26 至图 2-29)。因为每个孩子的绘画都是独一无二的,这种个性化的服装在市场上有较高的吸引力,尤其是对于希望彰显个性的家长和儿童而言。家长也可以和孩子一起进行绘画创作,共同设计服装,这能够增进家庭成员之间的感情。当儿童看到自己的画作被印制在衣服上,会感到自豪和满意,增加了他们对服装的认可度和兴趣。

图 2-26　儿童绘画元素的应用 1

图 2-27　儿童绘画元素的应用 2

图 2-28　儿童绘画元素的应用 3

图2-29　儿童绘画元素的应用4

五、综合类元素

儿童的世界是五彩缤纷、活力四射的,他们对周边的世界充满好奇心和探索欲。可以在服装上应用的元素种类多样,认真观察体会儿童的生活细节、习性和爱好,我们不难发现他们的兴趣点所在(图2-30至图2-32)。儿童喜爱的食物、玩具、山川、河流、交通工具、体育项目等都可被应用到服装设计当中。儿童大多喜爱蛋糕、冰淇淋这些甜品,还会对色彩丰富的水果、有趣形状的食物或者他们能够参与制作过程的食品感兴趣,如比萨、汉堡、三明治等。玩偶、玩具小火车和积木是大多数儿童的经典玩具,除此之外,拼图游戏、电子游戏、户外探险游戏、科学实验游戏、角色扮演游戏等也都是儿童们喜爱的游戏。汽车、轮船、火车、飞机、自行车等各种模式的交通工具不仅是儿童出行的方式,也是他们好奇探索的对象。体育活动和户外游戏,如足球、棒球、篮球、游泳、跳绳、自行车、滑板、攀岩等运动都是儿童喜爱的运动。手工艺、音乐、舞蹈等也是儿童自我表达和创造力发展的重要渠道。理解并发现儿童的兴趣点,将这些元素应用到服装上,都可呈现充满童趣的服饰表达方式。有些亲子服装设计,将植物、人物、动物等元素进行综合应用,构成了丛林探险的场景,其色彩鲜艳而丰富,纹样时尚而不失童趣。

图2-30 综合元素在童装上的应用1

图 2-31　综合元素在童装上的应用 2

图2-32　综合元素在童装上的应用3

　　多样化的事物可丰富儿童想象空间,在服装设计上融入多感官体验,不仅可以提供给孩子们视觉上的愉悦,还可以通过不同的材质、结构和配件来激发触觉和听觉等。可使用各种不同的材料来制作衣服,如柔软的丝绸、温暖的羊毛、凉爽的棉布等。此外,可以添加一些有趣的元素,比如可以触摸的装饰,例如,绒毛球、刺绣贴片、可拆换的图案等。这些元素可以让孩子们在穿着体验中探索不同的触感。例如,图2-33中的童装综合运用了动物、植物、帐篷等元素,让常规的儿童T恤有了层次的变化。在服装上设计了可以打开关合的方式,儿童可以在服装上去寻找动物,当打开帐篷后,会发现有两只动物躲在帐篷里。这样的设计方式既不影响服装的基本功能,同时又让儿童对服装产生了探知欲,丰富了服装的触觉体验,增强了趣味性。

图2-33　综合元素在童装上的应用4

　　服装上可以加入一些能产生声音的装饰，如响铃、挤压时会发出声响的小配件，或使用本身具有沙沙作响特性的面料。这样的设计能在儿童走动时激发他们的听觉兴趣，增强服装的互动性。将儿童喜爱的玩偶以立体形式应用到服装上时，需充分考虑玩偶与服装结合部位的合理性、轻重的恰当性、材质的健康性以及美观度；同时，从功能性角度出发，设计应使玩偶既能根据儿童的需求与喜好被安放，也能轻松取下，以便儿童可以随身携带玩偶，并在需要时取下来玩耍互动。此外，还可以在儿童服装的局部添加按压时会发出声响或音乐的小部件，这些都是妙趣横生的设计方式。随着对儿童生活及精神世界的深入观察和体验，以及服装技术与审美的不断进步，我们可以继续探索和创造更多富有趣味性的服装（图2-34）。通过在服装上融入多感官设计，不仅能让儿童穿得开心、舒适，还能促进他们的感官协调能力和创意思维发展。

　　把握孩子们对世界的独特观察和喜好，设计师们可以创作出既实用又具有教育意义、能激发创造力的亲子服装。这些从童趣视角出发设计的服装，不仅能为小朋友们提供愉悦、开心的穿着体验，还能促进亲子互动，增进家庭成员间的情感联系，营造欢乐和谐的家庭氛围。

图 2-34　综合元素在童装上的应用 5

第三章
不只是情感的宣泄

第一节　照见自己——创意元素的同情传递

一、创意元素的角色内涵

　　亲子服装的核心意义在于强化并和谐亲子关系。亲子装的产生，源于人类对亲情关系的重视，它表达了家庭成员之间的紧密联系，彰显了家庭的和谐统一。自人类诞生之日起，就与生育自己的父母及亲属产生了亲子关系，这是人类生命中最基本、最自然的社会关系之一。这种关系基于血缘和自然情感，不受社会分工及阶层地位的影响。亲子装正是基于这种深层次的情感需求而衍生并发展的,因此,它对于穿着者而言,具有深厚的角色内涵。亲子装不仅是外在的衣着,更承载着象征意义和情感价值。当家庭成员选择亲子装作为外在表达时,他们追求的不仅是时尚与美观,更是深层次的情感共鸣和家庭身份的确认。

在家庭关系中,父亲的角色被视为成年男性在有了子女后所具备的身份及行为模式。"父爱如山"这一成语形象地描绘了父爱的深远和坚定。传统上,父亲被视为权威、保护者和家庭责任的承担者。这种角色理念在亲子服装中也有所体现,设计往往旨在反映出力量感和稳重感。亲子装中多采用正装款式,即便是全家统一的休闲款式,也会考虑到父亲的角色而采用中性化设计。纹样上多选择阳刚元素,如狮子、老虎、鹰等,这些元素既体现了传统的阳刚之美,又在视觉上呈现出庇护和强悍的象征意义,与父亲的角色形象相契合。

母亲作为家庭关系中的关键角色,常被视为孩子生命中的第一个亲密伴侣和关怀者。社会和文化普遍强调母亲的温暖、慈爱、温柔和包容等特质。在母女亲子装中,多选用裙装款式,裙装在视觉和形式上给人以亲切和温暖的感觉,与母亲角色的传统认知相符。在纹样选择上,母女亲子装倾向于采用柔和、温馨的元素,如花卉、心形、蝴蝶、绿植等,这些元素通常带有浓厚的温情和生命力的象征。

对于男童,因其活泼好动,多采用宇宙、玩具和超级英雄等元素,这些设计通过与孩子们的兴趣和想象力相呼应,激发他们的探索欲望和创造力。相对地,女童的服装设计通常强调可爱和温柔的特点,以女孩普遍喜爱的元素来点缀,如花朵、蝴蝶、小动物、卡通公主、粉色系列和亮闪闪的装饰等。这类设计往往富有幻想色彩,满足了许多女孩对美丽童话世界的向往。

从这些家庭角色的服装中不难看出社会对家庭角色的传统定义与诉求。然而,随着现代社会的发展,父亲开始更加关注与孩子的情感交流,女性进入职场,社会地位不断提升,孩童成长的环境更加丰富与自由,他们都有了更个性化的需求。现代社会越来越倡导性别平等和打破性别限制,这意味着家长和孩子们的服装也可以更加自由和多元化,不必严格遵循传统的性别规范。我们对亲子装的创新是否可以在某种程度上突破对家庭角色个性的传统定义,关照到更多的个性需求?

二、元素的个性化表达

设计服装的最终目的是服务于人。然而,具体到人类个体时,我们不难发现每个人的行为、思想、喜好等各有不同。尤其是在现代社会,人们的生活更加便捷、舒适,信息量更为丰富。因此,服装除了满足人们的保暖、遮蔽等需求外,还需要满足人们的其他需求。伴随着社会的发展、生活水平的提高和文化的多样化,人们对服装的要求早已超出了对基本功能的需求,开始更多地追求精神或心理上的满足。在对亲子装的调研中,人们普遍希望服装能更具个性化。尤其是一些时尚先锋人群,更是希望服装不要太过同一化,而是更具特色。他们希望通过服装来表达自己的个性和独特性,这也给设计师提出了更高的要求。

个性特色的表现离不开设计创意的闪光,也要找准开掘个性特色的着眼点。例如,亲子装的主要消费群体生活在城市中,都市生活节奏较快,工作压力较大。正是因为久居于都市之中,这部分人群多数渴望亲近大自然。自然元素往往能舒缓人们紧绷的神经,将这类元素融入亲子装中,也能为着装者带来自然界的气息。然而,要进行更个性化的表达,还需多样的创想与尝试。如图 3-1 至图 3-3 所示的亲子装,通过手绘将自然界的植物转化成图案纹样来表现植物的形与意,这是一种将自然艺术与时尚设计相结合的独特方式。黑白线稿的设计手法简约而不失细节表现力,使得植物的线条和形态更加突出,具有很强的图形符号感和现代时尚感。在服装设计中使用这样的黑白线稿植物图案,可以在纹样上进行虚实结合的设计,即在服装纹样和面料上巧妙地融合实线和虚线,或者运用不同密度的线条来创造出层次感和视觉冲击。这样的设计手法不仅展现了植物的自然之美,还赋予了服装独特的艺术风格。

　　同时,在服装的结构设计上,也可以通过不同的剪裁手法,如层叠、拼接等,来塑造服装的立体感和动态美。结合不同质感的面料,如亚光与光泽面料的搭配使用,也能进一步增强服装的时尚感和艺术感。为了营造清新、活泼、灵动的个性氛围,服装设计可以加入具有可爱特色的配件。一些小巧精致的配件能够点缀整体装扮,使造型更为生动有趣。

　　自然界的拉斐草,亦是非常好的设计元素之一。晒干后的拉斐草韧性极强,耐用性强且富有弹性,是自然与时尚结合的理想材料。将拉斐草融入亲子服装设计,通过平编、斜编、环编等多种编织手法,探索其独特的质感和美感,如图3-4所示的编织效果。编织完成的拉斐草可作为面料使用,或作为装饰元素,增添服装的细节与质感。将这种朴素的材质与西装这种传统时尚元素结合,会产生别样的美感。如图3-5和图3-6所示,在西装的经典剪裁中加入拉斐草编织元素,既可以是局部装饰,如前片、袖口、裤脚或背部肩带等;也可以是服装的主要部分,如外套的前片、袖子、衣领、背部等。搭配简单而精致的手提包、挎包和帽子等配饰,不仅能进一步强调服装的自然与时尚风格,还能为整体造型增添层次感和完整性。配饰可采用与服装相同的拉斐草材质,形成统一的主题;也可使用其他材料,以形成质感对比,增强视觉冲击力。

图 3-1　创作学生：龚羽卿、王玉平
　　　　指导老师：蒋趑鲔

图 3-2　创作学生：龚羽卿、王玉平
　　　　指导老师：蒋趑鲔

图 3-3　创作学生：龚羽卿、王玉平　指导老师：蒋趑鲔

图 3-4　编织实验过程

图 3-5　创作学生：程爽、甘丽红、向柯镧
　　指导教师：蒋题鲔

图 3-6　创作学生：程爽、甘丽红、
　　向柯镧　指导教师：蒋题鲔

将拉斐草这种自然元素与时尚设计相结合,塑造出了既时尚又充满自然韵味的独特风格,展现了一种既精致又纯朴,既有个性化又富有创造力的时尚理念。

元素的个性化表达拥有广阔而深邃的拓展空间。即便是同一种元素,也可以通过不同的色彩、布局、纹理、材料等表达出不同的个性特色。同类元素采用多元的角度、方法、途径进行尝试与探索,亦可展现出多元的个性魅力。元素个性化的尝试和探索还可以结合特定的文化背景或艺术流派,表达与之相符的个性;利用新技术,如数字技术、三维打印或增强现实等,探索元素在新媒介中的个性化表现;根据元素呈现的环境和场合,调整其个性化表达以契合不同的情景需求。通过这些多元的角度和方法,设计师们不仅能展现自身的设计哲学和创作才华,还能满足市场和受众的多样化需求。这种个性化的表达也成为作品与众不同的标志,增强了作品的吸引力和市场竞争力。

三、同情化传递

通常情况下,人类对事物的观察,包含直觉和情感两方面。同情是人类情感反应中的一个复杂成分,基于我们能够理解并感受到他人的情绪和经历。同情以移情作用为基础,是一种普遍性的关怀情感反应。本文中的同情化可理解为体验或深入他人的感受,从而在某种程度上实现感同身受。在设计中,这也意味着创作者在作品中的思想、意志、精神等方面被观者感受到,事物与人的心理产生了某种程度的契合。

在艺术设计领域中,创作者通常通过作品传达自己的思想、情感、意志和精神,并期望观者能有所共鸣,这就是同情化现象。服装之于人,早已超越了遮蔽及保护身体的实用功能。在现代社会,人们对服装的精神审美需求逐渐提高。服装的艺术性表现需要创作者将自身的感受与认知融入作品,通过服装实现情感表达,传递给受众,进而产生同情化的传递。

人们总是渴望美好的情感,然而现实生活中,情感也有负面的部分。例如,在当今时代,"抑郁症"的发病率正在逐渐升高,很多人周边的亲友出现了不同程度的抑郁症状,这一问题已经无法忽视。身处抑郁中的人所感受到的苦闷、孤独、自卑等,均不是人们所向往的,然而却真实地存在着。如图3-7至图3-9所示的亲子装作品"凝迹",其灵感正是源自"抑郁"。此设计力求打破在服装上追求完美、完整的常规方式,将服装的结构设计进行了一定程度的创新,常规款型与不规则创意款型相结合,创意款型采用了立体裁剪方式,呈现出一定的不规则的变化性。该服装还进行了适度的破坏性处理及未完成感的营造。作品的黑白色调彰显的是身处抑郁状态时的苍白孤寂之感。服装上墨迹的晕染隐喻灰暗情绪的浸染,其上用黑色钉珠形成了墨滴凝结的迹象,这些元素都在表达着抑郁感受。然而,尽管过往经历并未能如期许般灿烂顺遂,所经所历皆是体验,皆有痕迹,这些真实的体验亦是宝贵的。此时,可以不刻意去编织华丽的美梦,试着去接纳黯淡中绽放出的真情实感,观察它,亦可欣赏它。不追求绝对的完整、完美,亦可展现出别样的美感。

"凝迹"这套亲子装作品是设计师用来表达内心世界的一种方式。在这里,设计师以服装作为媒介,创造性地传达了对抑郁情绪的感受和认识。设计师通过视觉元素告诉我们,即使在精神的低潮期,人的经历也是真实且有价值的。他们邀请我们去接受和观察人生中的暗淡时刻,认识到不追求完美也是一种美。作品所传达的不仅仅是抑郁情绪的表现,也是设计师对于人生体验的一种哲思。它提醒人们,生活中不完整和不完美的部分,也是构成我们的经历和人生故事的重要组成部分,有其独特的美感和价值。这种设计哲学在当今追求完美、精致和无瑕的社会氛围中显得尤为突出和有意义。可见,设计者可以通过细致的观察和洞察力,以及对人类经验的深刻理解来设计作品,去触动观者的情感,引发他们的同情。有效的同情化设计能够让观者不仅理解作品要传递的信息,而且能够身临其境地感受到作品所想表达的深层次情感。这样的设计和艺术作品往往更具有影响力。

图3-7　创作学生:文鑫　指导教师:蒋匙鲔

图3-8　创作学生:文鑫　　　　　　图3-9　创作学生:文鑫
指导教师:蒋毽鲔　　　　　　　　指导教师:蒋毽鲔

四、不只是情感的宣泄,亦可净化或升华

　　人活在世界上,会遇到各种各样的人或事。人与人相处久了,也会产生感情。有了情,就难免会造成各种正面或负面的后果,从而产生纷杂的恩恩怨怨。有时是我们抱怨别人,有时则是别人抱怨我们。即使在较亲密的亲子关系中,也难免会有遗憾和伤怀。欣赏艺术看似是一个被动的过程,因为人们在听、看、触时,是凭借感官去接受他人所提供的作品,然而深入观察后,我们不难发现,这些作品也可使人从生命的内在产生出主动的活力。也就是说,人可以通过艺术作品的启引,使生命产生新的动力。作品就像一个媒介,将艺术家的思想和情感传达给观者。这种交流可以激发观者内心的新思维、新感受,甚至是变革性的灵感,从而促使人们从内在获取活力,以及看待世界的新

视角。这是作品之于受众的交响及升华。

　　举例来说，人们在生活中往往会有情绪低落的苦闷日子，但当看到一件漂亮的衣裳时，会心向往之。因为此时，在人们的心中，这不仅仅是一件衣服，它象征着一种人们所向往的美好生活状态。当人们穿上一件好看的新衣时，仿佛自身和服装相融合，心情也得到了舒缓。在中国传统的春节之际，人们有新年穿新衣的习俗，它象征着一种正面的情感和生活新开始。穿上新衣那一刻，人们仿佛也披上了新的希望和预期，心情也会随之变得更加快乐积极，面貌和心境也随之焕然一新。可见，服装艺术作品可以传达、宣泄、净化情感，使人们对生命内容的体会更加深入。现代服装设计领域也在更深入地探寻服装的情感内涵与疗愈效应。服装设计可以被当作一种艺术治疗方式，穿上某件特别的衣服，可能帮助个人表达那些难以用言语来表达的情感。这不仅可以为人们提供一种宣泄的途径，而且也能够通过创造过程来让个人经历一种情感上的净化和治愈。即使是那些负面的情绪，如抑郁、愤怒、悲伤、委屈、苦痛等，亦可宣泄到服装之中，让人们不再被困于其中，而是借由服装去观察情感，进而表现情感，更清醒地去看见、构建并设计。这类作品也是对"美"更多面的展现，"美"应当成为一个宽泛和包容的概念。

　　移情和升华是心理学概念，它们在服装设计这样的创意领域中也得到了特殊的应用。移情的出发点是连接与共享经验，通过移情的方式，可将服装塑造为个人经验中人、事、物等的载体，以此提供对往昔记忆或情感的净化。在服装设计中，创建一件服装可能是设计师将个人的感受、记忆、体验或者对特定人物的情感投射到设计中。这样的设计过程不只是制造衣物那么简单，而是变成了一个讲故事的机会，允许穿着者与设计师的情感经历和记忆产生共鸣。例如，通过使用某个已故亲人曾经喜爱的布料或图案,在新的设计中融入纪念的意义,使这件服装变成对过去的致敬和记忆的保留。

升华同样是一个将内心经历变成创造性表达的过程。它在服装设计中超越了简单的物理属性,将服装看作是触及更深层情感和想象的方式。设计师通过构造服装,创造出一种理想化的、令人向往的世界,这种世界既可能完美无缺,也可能充满神话般的元素。这样的设计能够提供一种逃离现实的途径,让人们在理想化的服装中寻得慰藉、鼓励和力量,或是为观者弥补现实的缺憾、安慰受挫的情感、强化自由的感受。通过这些净化和升华的过程,服装变成了更加有意义和深远影响的文化符号。它们不仅仅是穿在身上的物品,更是情感、记忆以及梦想的一部分。设计师和观众在这样的作品中找到情感表达的空间,从而实现情感上的治愈和精神上的慰藉。

第二节　有人可关怀——亲子装中的情感融通

一、关系中的爱与痛

亲子关系及亲子教育在当前社会备受家长关注,孩童时期的亲子关系和教育经历往往对个人成年后的性格、品质、意志及社交模式等产生深远影响。因此,良好的亲子关系能为孩子提供安全感,增强他们的自信心,并帮助他们形成积极健康的世界观和价值观,这对儿童的成长至关重要。新生儿如同纯净无瑕的水晶,父母即便小心呵护,也难免不在其上留下"指纹"。家长偶尔会有无意的疏忽、偶尔的情绪失控情况,某些行为或言语,即便出于对孩子的爱,也可能让孩子产生不舒服的感觉。对孩子过于严厉,易导致孩子拘谨、自卑;对孩子溺爱或迁就,则可能使孩子飞扬跋扈、骄傲自大;若家长工作繁忙,陪伴孩子的时间有限,孩子可能变得内向、孤独。现代社会中,离异家庭、纷争不断的家庭、存在家族性抑郁基因的家庭等,都可能成为亲子关系中的痛点,阻碍良好情感纽带的建立。在现实生活中,完美的亲子关系难以实现,我们能否从服装设计的角度出发,去治愈这些痛点、弥补缺憾、关怀人心,进而融通阻塞的情感? 例如,设计一系列亲子同款服饰,通过穿着风格和图案相似或相同的服装,增强家庭成员之间的归属感和团结感;运用寓言故事、童话元素或家族特有的记忆和符号进行故事性设计,使服装成为家长和孩子交流的媒介,增进彼此的理解和联系;为特殊需要儿童(如孤独症儿童)设计功能性服装,减少他们的不适感,帮助他们更好地融入社会和家庭生活;提供个性化定制服装,让孩子和家长参与设计过程,不仅可以增进亲密感,还能让双方更了解彼此的喜好和个性;在特别的日子里,将服装作为礼物,给对方惊喜,以此表达关怀和爱意;开发可互动的服装,如可变色或发声的服装,增加游戏性和乐趣,促进家长与孩子的互动。

　　情感难以测量,需通过心灵去体验和感受。人们的厌恶、喜悦、悲伤等情感,不仅源于外观和行为效应,更在于人与物、人与人之间的联系及互动过程。亲子装作为一种物象,人们通过观看或直接穿着来感受其属性与特质,并产生相应的情感体验。这些情感体验反作用于人,影响人与人、人与物的互动。在互动过程中,人们能感受到某些共通的情感、价值或精神,进而触动人们看到和体验到亲子关系中的本质——爱。生命中的关系因"暗"与"痛"的交织,使爱更加闪耀,服装作品也因此具有更广阔的境界。"暗"的部分提醒我们,即使在最亲近的关系中,也存在难以理解和接受的时刻。通过这些挑战,个体得以成长和进化,发现和理解自己及他人的深层次的需求和特性。"痛"的存在则是变化和转变的预兆,有时甚至是爱的催化剂,使我们重新评估生命中的重要事物和真正有意义的东西。当阴暗、痛苦与快乐、积极的经历交织在一起时,它们构成了一个完整的人生故事,提供了深刻且富有层次的理解。在艺术作品中,这种深度为观众或读者提供了共鸣的机会,使他们在自己的生活经历中看到这些情感的反映,从而认识到,即使在逆境中,爱和人性的光芒也能穿透黑暗。

二、以衣传情——构建情感的互联融通

对于服装而言,人是感知的主体。通过观看与接触服装,服装的色彩、形状、重量、温度、触感以及活动时衣服的声音都会带给人以体验,这些体验作用于意识,从而产生情感。服装的不同色彩、面料、廓形会让人产生不同的情感。恰当合理地利用各种视知觉语言的变化,可以引发人积极的视觉体验与心理感受,给人以某种程度的情感满足和治愈。因此,以衣传情是可能且可行的。尽管每个人对不同符号的敏感度因经验、文化、教育、地域等存在个体差异,但在此我们暂且抛开这些差异进行探讨。在亲子装中选用明快的有彩色系,如冰淇淋色系、糖果色系、花卉色系等,较之无彩色系更能营造轻松活泼的氛围。红色通常与激情、能量和活力相关联,而蓝色则被认为能带来安静和放松的感觉。欢快的色彩能够引领人类情感上扬,就如同人在情绪低落时听到欢快的音乐,心情也会随之愉悦,服装的色彩同样具有这样的功能。

亲子装的廓形也能促进良好的情感连接体验。良好的廓形和裁剪设计可以强调或改善穿着者的体型,增强个人风格,提升个人自信。合体裁剪的服装可让人显得更加专业和精干,而宽松舒适的服装款式则让人感到放松。例如,人们普遍会因为身体部位的裸露而感到害

羞,被宽松的廓形包裹会带来一种被保护的感受。因此,在亲子装中对身体有合理遮盖效果的服装更容易让人有安全感。同时,服装的形状、尺寸、比例、构成等都会对人产生一定的情感效应。英国心理学家格列高利的研究揭示了视觉感知与大脑如何解释这些信息之间的复杂关系,可参考其著作《视觉心理学》中形状与情感体验的关系对照表。在服装领域,这一原理同样适用。不同的服装形状能在观察者心中激发出不同的情感和联想。例如,直线和有尖锐角度的服装通常传达出正式、强烈和权威的感觉;曲线和流畅的线条则倾向于给人温柔、优雅和女性化的情感体验;宽松、拖地的剪裁可能给人一种放松、自由的感觉;而紧身、结构化的服装可能传递出正式、高效的氛围。宽大的服装或大型的图案可能使人看起来更强壮或大气,而紧身服装或细小的图案可能让人显得更精致或小巧。除了传统的服装廓形设计,现代时装还经常打破常规,采用非传统的尺寸、比例和形状来创造意想不到的视觉效果和情感反应,从而挑战和拓展我们对服饰如何影响情感的认知。

表 3-1

形状	情感体验
几何形状	传统、踏实、古板、理性
有机形状	随和、圆滑、活泼
自然形状	生动、亲切、环保
偶然形状	自由、轻松等哲思情感
人工形状	兼备人文与理性情感

　　亲子装的面料可产生触感,通过接触,人们能够感受到与服装之间保持的一种持久与稳定的关系。接触也是一种简单直接传达爱意的方式。柔软、光滑、毛茸茸的材质都更容易激发人们良好的触感体

验。柔软舒适的面料如棉、羊毛通常能让人感到温馨舒适;而光滑细腻的面料如丝绸和绸缎则给人一种豪华和优雅的感觉。通过触碰产生的愉悦感也能激发起某些感动与回忆,就好像外婆亲手织的毛衣,一针一线中饱含了亲人的爱与关怀,这份情感是任何机械生产的衣物所无法比拟的。当我们触摸到这样的毛衣,温暖的质感和熟悉的纹理往往能唤起我们对家庭和外婆的美好回忆。此时,服装不再仅仅是物品,还传递着那些弥足珍贵的亲情。

第三节　照彻心底的力量——服装也能讲故事

一、创造性的层次

美国艺术评论家苏珊·郎格曾说过:"艺术品是将情感呈现出来供人观赏的,其是由情感转化而成的可见或可听的形式。"服装实则也是一种设计意识物态化的视觉形象。服装的基本构成要素包括色彩、材质、肌理、造型等,这已是业界的共识。通过对这些要素的探索和实验,服装在保持可穿戴性的基础上,可实现设计的新颖性和独特性。这些要素以何种形式呈现、组合、构成,从而创造出新颖的视觉效果,表达出真切的思想情感等,是创新的关键点之一。例如,图3-10至图3-13所示的亲子装作品,旨在表现一部分现代社会人群在城市钢筋水泥的建筑物间盲目穿梭,如同陷入迷途的状态。创作者希望通过作品让人们看到自己,进而提醒都市丛林中的人们从迷途中觉醒。该作品在色彩上选择了能表现忙碌都市感的黑、白、灰,再通过色彩的对比、过渡、渐变来增加视觉的深度和迷离感。为了营造迷途的迷离与变幻

图 3-10　创作团队：蒋匙鲔、安娟娟　　　图 3-11　创作团队：蒋匙鲔、安娟娟

图 3-12　创作团队：蒋匙鲔、安娟娟　　　图 3-13　创作团队：蒋匙鲔、安娟娟

之感,服装设计上需要表现出较强烈的层次感,为此,设计师使用图形和符号,如迷宫、网络般的图案等,以此暗示迷途和寻找出路的主题。

众所周知,服装穿着在人体上可以呈现出一定的视觉层次感,常规情况下都是表里有序、穿戴合理,因为人体的构造与轮廓都在制约着服装层次的合理性和可能性。如果我们想在服装上既保留服装的可穿戴性,又呈现出更强烈的层次效果,应该如何创作?迷途系列作品进行了一次颇具创造性的尝试。无论是城市的高楼、立交、道路,都有线元素的踪迹。我们将线元素提取并应用到了本次设计中。平面设计中的线只是单纯的二维线条,这种视觉符号人们司空见惯。而服装设计中的线,还可以具有一定的宽度、空间感、体积感。再结合恰当的材质、色彩、剪裁、工艺来传达出情感的意图。将线元素进行翻转、扭曲、重复、递增、递减、渐变等表现,使其呈现出多样的视觉效果。在设计中力求突破平面的限制,尽量采用空间造型的方式,将面料进行硬化、镂空、填充等处理,这些都使得服装显得更加立体和富有层次感。

该系列亲子装,其空间层次合理,具备了穿戴的可能性。该创作又从视觉感受出发,利用了人类视觉的特点,结合错视原理,从线形的变化、材料的叠加、面料的镂空、光线的明暗等多角度进行了精心营造。尤其是结合服装的色彩及结构的变化,去捕捉光线的起伏变化,为视觉效果增加了层次感与趣味性。通过融合应用多样的要素及元素,形成了该系列服装上丰富的视觉层次。

二、关于"人"的故事

艺术本质论指出,艺术本质的特点主要表现在社会本质、认识本质和审美本质三个方面。服装艺术作品同样具备这些特点,其中社会性是其首要特征。艺术的发生和发展离不开人类社会,从某种意义上说,没有社会现实中的人,就不会有艺术的存在。人们的社会生活具有群体性,历代以来,各色人物在特定的时间与空间中存在着,经历着各自的际遇和命运。人类历史上有大量的文学作品都在讲述这些经历和故事。作为服装设计者,如果我们也想通过作品来讲述"人"的故事,我们该如何表达呢? 有了这样的设计意图后,我们开始了对"人"的观察。对人类而言,无论其肤色、国籍有何不同,身体的基本构造都是相同的。在其中,我们认为最具代表性和特色性的是人的面部表情,因为人类的情绪和状态都会牵动面部表情的细微变化。面部表情是人类情感和内在状态向外传递信息的重要媒介,尤其是五官中的眼睛,作为面部最突出且具有表现力的部位,被誉为人类"灵魂"的窗户。因此,人的面部造型成为设计的主要元素之一。

人类群体由多个个体组成,每个人都有着独特的过往。就像自然界中的沉积岩,人也是一定时间历程、历史背景、过往情感等因素的积淀与叠加的体现。因此,沉积岩状的层次叠加也成为设计的重要元素。我们将人面造型与分层叠加的视觉效果相融合,对面部结构进行打散与重构,同时塑造服装的廓形与体积感,使作品更具象征意味。经过多样化的尝试与验证后,我们完成了如图3-14和图3-15所示的亲子服装系列作品。其中,色彩的渐变、层次的错落、解构的人像等都映射出历程的积淀与岁月的累积。色彩的过渡如同人生的不同阶段,每个色调变化都代表着岁月中的一段故事。这种设计手法能够引导观者感受时间的流转和经历的丰富性。不同的层次象征着人生中的起起伏伏，表达了生活的多样性和复杂性，暗示着每一层都有其独特的意义和价值。解构的效果可能指向个体与集体之间的张力，以及内心世界和外在世界的分离，也可以表达人们在社会中寻求认同感和归属感的心理状态。看似是一张人脸，却也代表着人类群体的共通特征，强化了我们作为人类相互之间的关联性和共通性。设计所带来的审美感受也在向观者昭示：人的历程未必都是坦途，历经的岁月未必全然静好，但所经所历皆珍贵。人存于世间终会留下痕迹，各种故事中都蕴藏着美感。

通过服装艺术作品来讲述"人"的故事，要求设计师在创作过程中不仅要关注服装的美学和技术层面，更要深刻理解并表达多样的人性。这需要设计师去了解不同人群的文化背景、生活方式和心理感受，了解服装设计的对象人群，才能更好地讲述他们的故事。设计的语言也应当是丰富的，可以选择象征、隐喻或抽象等艺术性的表达方式来描绘人的内在世界，也可以使用不同的艺术风格和元素来具象化或抽象化地传达人性的复杂性和丰富性。此外，还可以在设计中融入对当前社会问题的反思，如性别、种族、环境等问题，使服装成为社会对话的媒介和启发思考的工具。通过这些多维度的探索和创新，设计师能够创造出既有深度又有温度的服装艺术作品，讲述关于"人"的丰富故事，并促进人们在感官认识和情感上的交流互动。

图 3-14　创作学生：李娟、李小钰　指导老师：蒋匙鲔

图 3-15　创作学生：李娟、李小钰　指导老师：蒋匙鲔

三、目的性的结构

服装结构是指平面性的服装材质为形成包裹人体的立体形态而产生的构成及组合方式,包括服装的廓形、内部分割、部件造型、穿着方式等。服装结构是服装设计中的一种艺术形式语言,能够构建出服装与人体之间的空间,并通过内敛、解构等方式改变人体的形态和视觉效果。对改变人体形态的探索是服装设计创新的重要途径之一。

人体的表面是不规则的立体形态,而面料是平面的。如何让制作出的服装合理、美观地依附于人体,既实用又能体现人体之美,是服装结构设计需要解决的重要课题。尤其是一些包含创意理念的服装,其结构设计还需助力服装表达思想主题,这更是有待探索的方面。正如黑格尔所言:“一定的内容就决定它适合的形式,艺术之所以抓住这个形式,是因为具体内容本身就含有外在的、实在的,也就是感性的表现作为它的一个因素。”可见,在服装视觉语言的表现过程中,设计者可比作信息源头的发射器,处于传达过程的起始端。在视觉元素的运用和安排上,既要考虑服装本身的基本构成特点,又要考虑视觉语言是否适合服装理念的表现。因此,服装结构设计应具有一定目的性。如图 3-16 至图 3-19 所示的亲子装系列作品,设计者意图在服装结构上进行一定程度的创新,以表现一种文化共融的意象,展现融合性的着装方式和对不同文化的包容性。

图 3-16 创作学生:龚英

指导老师:蒋趸鲔

图 3-17 创作学生:龚英

指导老师:蒋趸鲔

图 3-18 创作学生:丁仁杰、朱鸿茂

指导老师:蒋趸鲔

图 3-19 创作学生:丁仁杰、朱鸿茂

指导老师:蒋趸鲔

　　以上作品针对男装而设计,其结构中多运用了直线形式,呈现出简洁明了、沉稳大方且坚定有力的美感。为了突破常规传统着装的固化形式,我们尝试背离传统的分割方式和部件结构特征,进行了移位、变形、叠加等处理;同时实验了多样的穿着方式,包括挂覆、垂拽、系扎、贯头等,混合使用了西式裁剪与东方层叠的方式。设计中还加入了可变性元素,如可拆卸部件、可调节尺寸、可变化的穿着方式等。在结构设计过程中,我们还尽量关注人体结构的功能特征以及观者在服装上的视觉落点。人们的视觉落点通常会在人体的一些关键部位,如头部、颈部、肩部、胸部、腰部等。设计师在进行服装设计时,可根据服装设计整体效果的需要,在这些关键部位进行恰当的分割、对比、渐变处理。在不牺牲舒适性和功能性的前提下进行设计,确保服装的关键部位既能满足动作需要,又不会造成穿着者不适。带着目的性去设计并构建服装的结构,斟酌服装尺寸的大小、长短、角度、层次、排列、节奏等的组合与变化,可以使服装款式结构设计表现出一定的格调,如奢华与质朴、烦琐与简明、松散与紧凑、轻盈与厚重等。例如,为了展现奢华感,可以采用宽敞的裙摆和复杂的分层叠加;而要表达质朴风格,可以选择简单的直线剪裁和适度的宽松度。设计上的角度选择可以影响服装的动态表现,锐利明快的角度可能彰显现代感,而柔和的曲线则可能给人温暖亲和的感觉。服装结构中恰当的节奏感可以让服装看起来更有生命力。

　　带着目的性的不断探索和实践,可以使服装的语言表达得更加深刻且丰富。目的性的设计是一个不断探索和实践的过程,设计师需要通过不断的试错和修正,找到恰到好处的设计语言来表达服装的内在意义和情感。通过这一过程,服装的结构设计就能够更加深刻和丰富地传达设计师想要表达的主题。

四、关于"家"的故事

在对人群进行观察的过程中,我们特别关注到了这样一个群体:现代社会中离开家乡,到大城市中奋斗的青年群体。由于青年们通常处于就业初期,收入水平不高,且积蓄有限,因此他们在城市中的居住方式多是租住或购买小面积的房产。这些社会现象反映了一系列关于青年人居住空间的状况,而这些居住空间也成为部分青年人在城市中的"家"。尽管这样的状况有些许窘迫,但青年人本应朝气蓬勃、积极活跃,不应受此局限而萎靡。

服装作品是表达观点和情感的极佳媒介。设计师可以通过服装设计,反映并启发人们对于青年在大城市中奔波生活的思考,尤其是对他们的居住状况与生活方式(图3-20至图3-22)的思考。设计作品可以传达出对青年活力、适应力和创造力的赞美,同时鼓励在有限条件下的积极思维和生活态度的转变。在有限的空间里,激发有趣的想法,转换生活的方式。

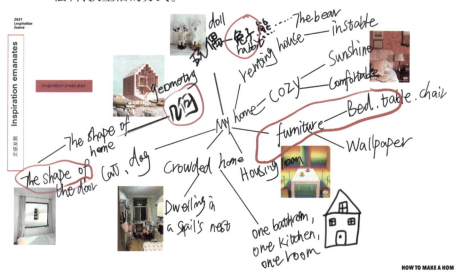

图3-20　关于"家"主题的构思——灵感版1

图 3-21　关于"家"主题的构思——灵感版2

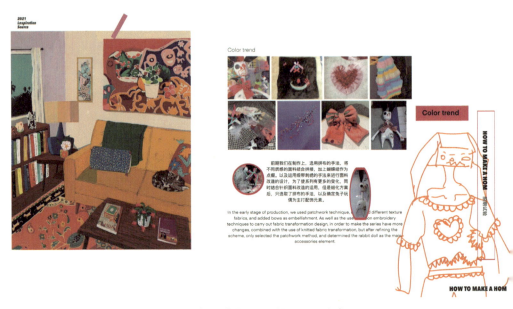

图 3-22　关于"家"主题的构思——灵感版3

　　利用居住空间作为灵感,可设计出具有模块化、空间感的效果。通过对服装的合理裁剪,可创造出空间感,如层层叠加、空间营造、透视强化等手法。这种设计试图融入一些略带超现实主义的立体空间感,如何在服装中塑造立体空间成为该系列的一个重要创新突破点。通过实验,选用效果较好且轻便的材质作为服装基底,营造出服装基础的空间轮廓(图3-23和图3-24)。在保证可穿戴功能的前提下,结合透视原理以及多种几何元素,适当突出结构空间的层次感。运用透视原理,在服装面料上设计了一些看似突出但实际与服装平面融为一体的图案,造成视觉上的凹凸错觉,从而增强立体感。同时,添加了一些可拆卸的立体装饰元素,如由不同几何形状构成的模块,这些模块可以根据不同的穿着场合或穿着者的偏好进行组合或重新排列。通过服装的几何切割和重组,实现活泼且有秩序的三维造型效果,以强调立体空间感。

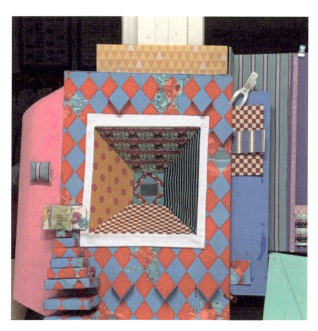

图3-23　服装制作过程

图 3-24　裙子制作

为了使服装的趣味性更强,选用了鲜艳且对比度较大的色调。由于市面上未能找到符合设计需求的面料,设计者自行绘制了三款面料(图 3-25 至图 3-27),并利用数字水印技术打印自定义设计的图案。这种技术能够精确还原设计图案的颜色和细节,该系列图案结合了典型的几何元素和鲜亮的对比配色。

图 3-25　纹样设计 1　　　　图 3-26　纹样设计 2　　　　图 3-27　纹样设计 3

为了增强服装的趣味性,设计者还构思了一些小机关,例如,弹簧娃娃、倾斜的迷你沙发以及可抽拉的百叶窗等。在整个创作过程中,我们仔细考虑了元素之间的关系以及如何更好地整合它们。这样做的目的不仅是让该系列的设计在视觉上给观者带来更丰富的感受,更是为穿着者和观赏者带来新奇和惊喜的体验。这种设计不仅具有视觉上的独特性,而且可能触发人们对于服装与艺术、服装与功能以及服装作为交互媒介等方面的思考。

通过这样的设计理念,服装作品不仅是穿着者的时尚选择,更成为传递信息、展现态度、激发思考的平台。设计师希望通过服装传递的信息能够激励青年在有限空间内创造无限可能,用创新和巧思生活,即便在窘迫的条件下也能保持积极乐观的生活态度(图3-28至图3-32)。无论个人的生活空间有多大,真正重要的是内心的自由和对生活美好的发现与欣赏。城市生活节奏快,居住空间往往有限,但这并不决定一个人的幸福感和生活质量。保持自由的心灵意味着不受外界限制地思考、探索和感悟,这可以通过多种方式实现。在有限的空间中找到属于自己的宁静角落和美好时刻是完全可能的,无论外界条件如何,内在心灵的成长和扩展都有无限的可能。

城市之中何以为家?即使只能蜗居一隅,依然可以保持着自由的心灵,发现美好的生活。外在无法束缚人类思想的维度和心灵的广度。

图3-28　亲子系列作品效果图及款式图

图3-29　创作学生:夏紫薇、罗天碧
指导老师:蒋匙鲔

图3-30　创作学生:夏紫薇、罗天碧
指导老师:蒋匙鲔

图3-31　创作学生：夏紫薇、罗天碧　　图3-32　创作学生：夏紫薇、罗天碧

　　　　指导老师：蒋题鲔　　　　　　　　　　指导老师：蒋题鲔

第四章
生命力的灌注

第一节　创意元素的表征与内涵

一、表征的多样性

在服装设计过程中，设计者所创作的作品是被加工的客体，其可视的外部征象能指代某种符号或信息。无论是艺术还是设计，精神理念都是其内在支撑。服装作品的每一个点、线、色等都承载着特定的内容和意义，形式与内容的统一凝聚出了作品的独特形象。服装艺术作品的表征具有多样性，亲子装设计中的创意元素表达亦然。创意元素种类繁多,来源广泛,即便是同类元素,也可呈现多样化的表征。例如,自然界的植物元素在服装上可通过鲜艳的花卉色彩或沉稳的绿叶色彩来增添生机;即便是相同的色相,浅色调可带来柔和优雅的视觉效果,而鲜艳饱和的色调则可展现出热情奔放的格调。植物的形态为服装造型提供了丰富的灵感,如叶子、花瓣、树枝等,在多样造型的基础上,再结合整体或局部尺寸的放大或缩小,可构成更多变化。此外,还可选择植物纤维材料,如棉、麻、丝、大豆纤维、玉米纤维等来制作服装,不同材质可呈现不同效果,且选择天然植物纤维材质符合生态和可持续设计的趋势。自然界中的叶片脉络、果实纹理、花朵细节等具有天然肌理,都可成为服装的创意点。同时,还可采用多种绘制图案的方式来表现自然界草木丰盛的景象,这些图案既可以是现实主义风格,也可以是抽象化或创新的表达方式;即便是同样的纹样,通过水彩、油画、线描、数字打印等不同形式呈现,也能带来各异的视觉效果和风格特点。若对植物类元素进行更深入探索,还可构建出更多可能性。整体来看,即便设计师们聚焦于同一类型的创意元素,也能通过探索不同的设计路径,尝试不同的表现形式,赋予元素丰富多样的新生命。

一代代设计者不断创造并更迭着服装的形象。从廓形角度看,除了A形、H形、X形、O形、S形外,还可呈现不规则形或具有空间错位感的造型。不规则廓形可打破常规的对称感,如不对称的领口、裙摆、袖口等,以此创造出独特的视觉效果和动态感;空间错位则可通过夸大、缩小或移位服装的某一部分,来创造出独特的空间感和体积感。这种对廓形的新定义和实验性尝试,不仅能丰富服装的形象,还能推动时尚边界的拓展。从穿戴方式角度看,除了大众化的常规穿戴形式,还可尝试多层叠穿、里长外短、电子自动化穿戴、科技感应式穿戴等方式。从面料角度看,除了不同种类、不同纹样的材质,运用仿生和科技元素,还可有自动变色面料、感温型面料、湿敏型面料(面料颜色随湿度变化而变化)、可见光操控面料(科学家们正在开发一些通过可见光波长来控制面料颜色的新材料)等。这些新面料不仅能带来视觉上的新颖效果,更在功能性和实用性上提供了广泛的应用可能,如适用于健康监测、时尚设计、安全警示、军事隐身等多个领域。从工艺角度看,还可有无须分割的无缝服装(这种工艺可减少或消除传统缝制过程中的剪裁和缝制步骤,大大减少服装制作过程中的废料)、立体打印服装(此类服装可直接按照人体尺寸定制,减少材料浪费,且能创造出传统裁剪缝纫无法实现的复杂结构和造型)等。工艺的革新可以改变服装的制造过程,推动服装向更环保、更有个性化的方向发展。服装的每一个表征要素都有众多可能性待发掘,这些要素以不同方式结合,使服装可呈现出数不尽的表征。正因如此,对服装的研究与探索充满了创造性,创新从未止步。

二、内涵的无限性

创意元素的融入可造就服装艺术作品,其作品外观虽为独立的形象创造,但最打动人的还是其内在所蕴含的生命力。作品好似一面镜子,可映射出生命境界的广袤无垠,包括经济、社会、政治、宗教、科学、哲学、情感等,范围广阔,不胜枚举。概括而言,可包括物质世界、人文社会,或是可见与不可见之物。作品可展示自然环境的壮丽、城市发展的壮观或科技进步的奇迹;在人文社会领域,则可探讨权力与政治斗争、宗教与信仰思维、情感与人际关系等,也可让人们感知到社会边缘群体的微弱声音,或是个人内心深处难以轻易表露的情感和想法。在欣赏和创作作品的过程中,人们得以超越日常生活的局限,触及对生命更深层次的理解,同时也在不断拓展着我们认知世界的边界。

服装艺术的形象中闪耀着的内涵,是设计者的思想与所处世界的交融、互动、取舍、创造而产生的。其内涵可以是自然完美和谐的融入,如日出的景象,可传达出广阔、开朗、欣欣向荣的意韵,从而鼓舞人们抵御消沉悲哀的侵袭;海洋的蓝色磅礴广大,可激起人们对世界更多的包容与接纳。服装内涵也可包含人们在生活中的艰辛与痛苦,使其通过艺术的方式得到表达与宣泄,激起人们的共鸣与共情,换位的观察与体味有助于人们挣脱痛苦的束缚。服装内涵亦可以是对平凡生活的细心体味,生活中那些看似平凡的物件也可承载着小情趣,让人们在平凡的生活中也能发现那些微小的幸福;或是对宇宙规律和神秘迹象的描摹,激起人们对生命的反思;可以是对传统文化的致敬与礼赞,让人们领略其深厚的底蕴;也可以是对人与人之间美好情感的歌颂与宣扬,如爱的宣言、友情的象征;或是对社会关怀的体现,让人们看到人类关系中那些闪光的美与善。

服装作为一种艺术形式,具有极广阔的探索范围和表现力。其丰富内涵不仅来源于设计师无限的创意和表达欲望,还来源于服装的多功能性和丰富的社会意义。服装可以是一个文化的折射、一个时代的镜像、个体情感的传达,甚至是一种政治或哲学的陈述。服装内涵的无限性在于其既可包含物质世界的林林总总,也可反映人类社会的方方面面。这证明了服装不仅仅是一种身体的遮蔽或装饰物品。通过服装设计,人们可以探索人类精神的深度,关注并影响社会的进程。此外,服装也是文化自我认同和表达的一种方式,它展现了个体如何看待自己和所处的社会环境。因此,服装艺术是一个不断变化、不断进化的领域,尤其是随着全球化的加剧和信息技术的进步,设计师可从各种文化多样化渠道去汲取灵感,将不同的元素融合成新的服装作品。无论是物质世界还是人类社会,可探索的面相持续变化且无穷无尽,服装内涵的无限性使人们对艺术的探索有了广博的境界与空间。

三、物质与精神互渗,视像与念想输出

思想的表达离不开载体,语言便是表达思想的一种工具,其中还蕴含着文化价值和特性。可传达思想的语言类型众多,如文字、绘画、设计、装置、音乐、舞蹈、电影等。每一种表达方式都有其独特的语言,既可独立使用,也可与其他形式结合,形成多种媒介的交叉和融合,来传递更为复杂和深入的思想和情感。在设计领域中,服装设计的语言包含了面料、廓形、肌理、色彩、纹样、结构等。综合这些要素,服装设计师可讲述一件服装背后的故事,表达出特定的艺术感、时尚感和个性。物质化的视觉语言是设计思想的重要表达方式,服装作品既是一种可视的物质形象,又承载着超越物质层面的意义和价值。

服装不仅可满足人们的基本穿着需求,还可作为一种穿戴在身上的艺术品,通过视觉语言与社会交流,融合艺术、文化和功能性,成为一种多维度的表达媒介。服装在视觉中可蕴含丰富的精神与内涵。服装设计常常受到文化背景的影响,可传递特定文化的特征和审美观念,如包含传统的装饰元素、特定的服饰风格等。

服装的颜色、纹理和形状可唤起某种情感,如柔软的面料和暖色调可能给人一种温暖和舒适的感觉,而锐利的剪裁和冷色调则可能表现出力量和权威。纵观人类历史,人们的精神情感丰富多彩,如欢乐、悲伤、痛苦、激昂、宁静、恐慌、绝望、挣扎、纠结、愤怒、安详、喜悦等。人类群体或个体无不在精神与情感的浪潮中挣扎沉浮。这些体验除了可通过语言和文字传达,也可通过艺术作品的视像传递。

服装设计允许个人通过着装来表达自己的个性和审美取向。从

基本的日常穿着到高级定制时装,每一件服装都可反映穿着者的特点和对美的追求。服装常常作为社会状态和身份的标志,在某些场合和文化中,服装可反映穿着者的职业、社会地位甚至是信仰。设计师如同艺术家,在他们的服装作品中,面料、构造和细节的选择类似于画家使用画布、颜色和笔触。设计师通过具有创新性的设计方法,将服装提升到艺术品的高度。在服装设计中,有一些特殊且异于日常穿着的服装,这些看似另类的设计往往承载了设计师更深层的艺术表达和创作理念。在高级定制时装和舞台服装设计中,这类现象尤为明显。这些设计作品的主要目的是通过夸张和非传统的造型、颜色、材料和结构,展示设计师的创新思维和艺术追求。

对于普通观众而言,初次接触这些夸张的设计可能会感到困惑,但随着对时尚艺术理解的加深,就能更好地欣赏和理解这些作品背后的艺术价值和美学意义。高端时装设计常常是对个人表达、社会现象、文化传统与创新技术的探索和对话,而不仅仅是寻找衣柜中的下一件日常衣物。

设计作品的精妙在于其体现为物质和精神的共融互通,视像和念想的同频输出,尝试让观者体验到更为丰富的意境。正如人类的躯体,若没有了灵魂的注入,便没有生命的律动;精神思想融入作品,则为服装灌注了生命力。在服装物质性和实用性的基础上加入艺术性,这将使其不再仅仅是一件衣物。从某种意义上说,优秀的设计作品可拓展我们的情感,并提升个人形象。

第二节　创意元素的广大与精微

一、微观的视觉，宏观的力量

设计者们不断探索并尝试将各种创意元素融入服装，使其作为可视化的物象存在。这些元素往往源自设计者的认知领域，通常表现为肉眼可见的范围。然而，随着科技的发展，新技术手段帮助人们跨越了肉眼功能的限制，拓展了视域的边界，无论是更广阔的宇宙还是更细微的世界。例如，通过超分辨显微镜，我们能够观察到细胞乃至纳米级别的微结构，一窥微观世界的奥秘。人体、动物、植物、细菌、病毒的细胞结构及组织，如细胞壁、细胞核、组织液、绒毛等，在微观视效下展现出与肉眼直接观看截然不同的形制、肌理和色彩，既真实又富有奇特的美感。

人们仰望苍穹，常感叹星辰遥远、天空开阔。随着对宇宙探索的深入，人类借助天文望远镜或观测仪器，观测到了宇宙中的星云密布、光晕变幻、群星闪耀、时空律动、暗物质等瑰丽景象，这些都令人叹为观止。无论是微观世界的细胞原子、地球上的生灵景象，还是宇宙的浩瀚无垠，那些肉眼可见或不可见的生命都在静默中吐露着光辉。红外成像技术使我们能够探测和可视化温度分布，即"看"到温度的分布，这种技术通过显示物体发出的红外辐射，揭示了与热能密切相关的信息。在热图中，不同温度级别被映射到不同颜色，形成独特且丰富的色彩效果。医学成像技术则让我们可以非侵入性地观察人体的内部结构，理解人体复杂的内部工作机制，不仅对于诊断和治疗疾病至关重要,而且她体现了自然界精密的设计与智慧,其呈现的生物学细节和精巧构造本身就是一种自然美的体现。高速摄影能捕捉短暂事件的连续画面,记录下肉眼无法分辨的瞬息万变,如物体的爆炸过程、动物的运动,或液体滴落时形成的王冠状溅射现象等。遥感技术则通过卫星或飞机获取地球表面的信息,从更宏观的视角摄取物质世界的景象。这些技术极大地拓展了人类的视野,增强了我们对世界的理解和感知。艺术家从这些视野中发现、探索并获得灵感,以独创的方式表现在作品中,如通过微观视角展现细胞或水滴形状中的精妙与美感,艺术化地表现科学图像或概念,创造了新的视觉语言和感官体验,提醒受众思考自然的复杂性和秩序之美。

无论是微观还是宏观,无一不是生命世界的不同层面,却又统一在和谐之中,生命和自然存在着深层的联系。当肉眼的视域被突破,我们尝试着去体味生命不同层面的律动魅力与和谐秩序,并将其灌注于艺术作品,表达出更宏大的力量。作品以其独创的形象立于万象之表,昭示着生命的真谛。

二、让我生长——对微观元素的探索

我们尝试从更微观的视角出发,发掘设计创新的可能性。自然的微生物、细胞分子等在肉眼视线下容易被忽略的生灵,在微观世界里熠熠生辉,彰显着蓬勃的生命力。我们将这种生命力灌注于亲子装设计中,通过各式面料再造、多样色彩渐变融合、多种材质的拼接变化,尽力表现大自然中微生物生长蔓延的状态,并将其命名为"让我生长"(图4-1至图4-5)。服装的面料效果宛如大自然元素的一处投影,肌理的分布、色彩的融合都彰显着植物、微生物蔓延生长的生命力。因此,我们进行了大面积的面料改创,以普通棉质面料为基底,运用刺绣、钉缀、镂空、编结等工艺方式,局部位置还采用了3D打印技术。刺绣增添了服装的质感和立体感,细小的颗粒元素则通过钉缀在服装上形成光泽和凹凸感。服装上的部分镂空设计,创造出自然风化混合生物侵蚀的视觉效果,仿佛细胞间的间距。编结模仿自然界的纹理,为服装创造出独特的层次结构感。服装上一些复杂的集合图形或符合自然界生物结构的立体图案,则采用3D打印技术实现。

由于服装的面料肌理成为本次设计的重点,因此服装廓形进行了适当简化,避免细节过于繁复的内外结构,构建立体、宽大、线条硬朗简约的廓形。硬朗的线条和宽大的廓形使肌理成为视觉焦点,直线条和简约的结构给人一种现代感,突出了设计的前卫性。该设计既强调材质和肌理,同时保持整体设计的简洁性,让素材本身的美感得以突出。作品辅以时尚的服饰配件,采用皮革材质,对服装整体效果起到了较好的调节点缀作用。皮革配件的实用性为设计带来了一点质地对比和时尚感,合理搭配的皮革配件进一步提升了整体设计的层次感,形成了新颖而时尚的设计外观。

服装色彩的调配也是本次设计的着力点之一。色彩既丰富多变又不杂乱,需要在设计过程中进行多次比对和调校,才能呈现出斑斓和谐的视觉效果。同时,还要考虑到布料材质、光线条件下的色彩呈现等因素进行配比。在成人装与儿童装的色彩上,我们也进行了适当的区分,通过色彩上微妙的浓淡处理和色样的恰当选择,不仅体现了服装的独特风格,也强调了设计主题,使成人装显得成熟时尚,而儿童装则清新可爱。该作品(图4-1)在伦敦大学生国际时装周获得了面料再造设计创新方面的奖项。

通过设计实践,我们可以看到微观世界的一隅体现在服装的面料肌理上,如模拟微生物结构、植物纹理、水流形态等。这些纹理和图案只是大自然众多奇妙现象中的一小部分,却能激发人们对自然更广泛的好奇和探索。这种探索和尝试不仅是视觉艺术的呈现,更向观者传达出设计师对自然力量的尊重和对生命不息的敬畏之情。在设计流程中,这意味着要密切关注自然界的规律和细节,以及如何将这些元素转化为可穿戴艺术。这种设计不仅是为了服装本身,更是为了引起人们对周围世界的思考和感悟。对该设计的尝试与探索仅仅投射出了微观世界的一隅,却表达了对那些默默生长的细小生物生生不息之生命力的至真赞叹与敬畏。

图4-1　创作学生:陈晖琼、刘蕾　指导老师:蒋魅鲔

图4-2 创作学生:陈晖琼、刘蕾 指导老师:蒋题鲔

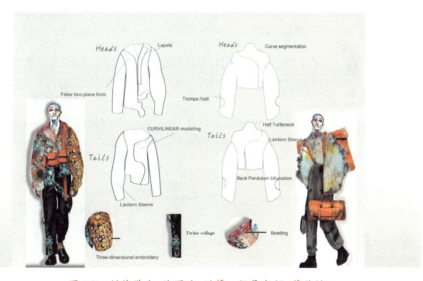

图4-3 创作学生:陈晖琼、刘蕾 指导老师:蒋题鲔

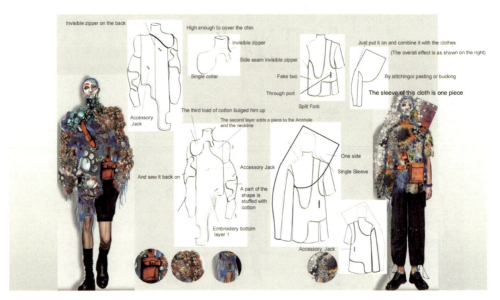

图 4-4　创作学生：陈晖琼、刘蕾　指导老师：蒋趧鲂

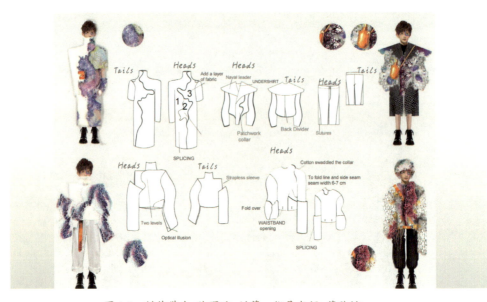

图 4-5　创作学生：陈晖琼、刘蕾　指导老师：蒋趧鲂

三、微光星辰——动态元素的意象

人类存在的时间相较于浩瀚宇宙、无尽时空而言是渺小的。从某种程度上来说,正是因为人类肉体生命存在的有限性,才使其从未放弃对无限宇宙和无尽时空的思索与探究。无论是宇宙星辰还是人类个体,都存在于某个时空之中,或绵延无限,或短暂而逝,一切皆在变化与流动。

纵观世间万物百态,无不存在于永恒的变化之中。如果说这世间有永恒,那便是永恒的变化。在艺术创作面前,这种对宇宙与存在意义的思考可以被描绘和反映出来,服装设计也不例外。设计师通过作品探讨诸如时间、空间、存在和人类角色等宏大主题,利用款式、面料、颜色和制作工艺等将深邃的主题转化为可以体验的艺术。

这种设计的意图是将宇宙时空动态变化的意象融入服装中。我们对服装廓形进行了不对称设计,展现出变化中的不稳定性,与传统的稳固和均衡形态形成对比,创造一种动感和视觉张力。尤其是在服装外廓形边沿,所呈现的扭曲变化更是增强了动态的意象,赋予服装某种动态中的流动感。服装的纹样肌理多采用流畅的线条,如波浪状、螺旋状或任何形式的抽象曲线,这些线条通常象征着连续性和节奏性。在视觉上,流畅的线条能够引导观者的目光随着服装的形态动态地移动,创造出一种似在不停流转且充满能量的感觉,形成了一种视觉动态,使服装即使在静态时也仿佛包含着内在的动力。这仿如宇宙中的光晕、星痕,增强了服装的梦幻感和神秘感。这些宇宙元素以其自身包含的无限和深远意味,为服装带来了宏大的背景和深层的联想。

服装还需要表现出烟尘缥缈的视觉效果。这种效果在服装设计上通常需要运用轻薄、飘逸的面料来实现。为此，我们进行了大量的面料改造实验，最终确定对欧根纱进行抽缩处理和色彩透叠的工艺方式。欧根纱经过抽缩处理后，可以产生独特的质感变化，我们将面料进行同色系深浅叠加，使该材质呈现出类似烟尘渐变的缭绕渲染效果。服装上星光闪耀和光影流动的效果，则采用了纯手工钉珠和激光雕刻技术来表现。根据珠子的大小、颜色、切割面以及排列方式的不同，光线在珠子表面的折射和反射可以模拟星光熠熠生辉之感。激光雕刻则创造了精确的图案和细腻的剪影效果，为面料带来了未来感，同时使服装的艺术表现更为立体和惟妙惟肖。我们将该系列作品命名为"微光星尘"（图4-6至图4-13），这个名字诉说着宇宙的浩渺与神秘，以及在浩瀚宇宙里人类的微小。时空中的一切皆在变化与流动，星光闪耀，尘埃浩渺，我们于浩瀚时空中摄取美好的瞬间，投射进该服装设计作品当中。这种设计理念不仅赋予了服装独特的视觉魅力，还传达了某种宏观视角下的深邃感受与浪漫想象。人类存在的时间相较于浩瀚宇宙、无尽时空而言，既渺小又珍贵。微小的光辉依然可以连绵成星河，在渺小的存在时间里，也要全力绽放生命的光辉、生命微光如星辰亦可闪耀永恒。该作品在亮相北京大学生国际时装周后获得了最佳女装设计奖。即使是对宇宙时空如此浅微的一些思索，再加以转化和应用，也可以产生较为独特的艺术韵味。设计者在面对如此辽阔的宇宙时空时，通过自己的理解和解释，把这些抽象的、宏观的思考嵌入细节精细的衣物设计，创造出了具有深邃内涵的服饰。设计者对创意元素探索的可能性也仿如这宇宙时空的无限浩瀚，同样没有边界，无穷尽也。

图4-6　微光星尘亲子系列效果图1

图 4-7　微光星尘亲子系列效果图 2

图 4-8　作品制作过程

图 4-9　作品展示效果 1　创作团队：蒋趣鲐、骆成瑶、牟仪佳

图 4-10　作品展示效果 2　创作团队:蒋匙鲔、骆成瑶、牟仪佳

图 4-11 作品展示效果 3 创作团队:蒋韪鲔、骆成瑶、牟仪佳

图4-12　作品展示效果4　创作团队:蒋趱鲔、骆成瑶、牟仪佳

图4-13　作品展示效果5　创作团队:蒋匙鲥、骆成瑶、牟仪佳

第三节　启向无限的憧憬——元素意义追寻

一、扩大意识空间

没有设计者就没有设计作品,没有艺术家就没有艺术。在设计创作的过程中,个体基于私人化的感受及体验,经过知性化的梳理,进而升华为某种艺术情感的形象表达。感受或体验均建立在个体的心理基础之上。从某种意义上说,我们所认知和表达的客观世界并非绝对意义上的"客观",人类思维所认知的结果均是思想意识的反映。世间万物皆先被纳入我们的思维,再存在于我们的意识之中。可见,进行创作设计的人类个体,其思想意识对艺术创作的过程及结果有着至关重要的作用。在不同个体的意识中,我们所处的世界呈现不同的表象,因为即便是面对同一事物,不同个体的感受、体验、认知等也可能是各异的。

作为设计者,可以尝试对自身主体和外在客体具备更多的觉察,不断突破作为人类个体的一些局限性,扩大意识的包容性。设计师作为创造性工作的从业者,需要深入了解和觉察自身的创造过程和思维习惯,同时对外界的需求、趋势、技术发展和材料特性等保持开放和敏感。为突破个人局限性和扩大意识包容性,建议采取以下几个方面的策略:持续学习,设计者需要不断更新知识和技能,跨学科学习有助于拓宽视野,促进创新思维;培养同理心,了解并同情用户的需求和体验,将用户置于设计的中心,这有助于设计出更具人性化的产品和服务;自我反思,定期回顾自己的设计过程和作品,审查哪些受到了个人偏见的影响,哪些是真正基于用户需求和功能性进行的决策;多元文化体验,通过旅行、阅读、观察不同文化,设计者可以更好地理解不同用户群体的需求,这有助于创作出更加普适的设计;跨界合作,与其他行业和领域的专家合作,可以帮助设计者从不同的角度思考问题,促使创意的碰撞和融合;开放性思维,避免固守既有思维模式,对新的想法和解决方案持开放态度;实践和试验,通过实际制作、测试和反复迭代,设计者可以从实践中学习,不断优化设计。随着个体意识空间的扩大,可以包容并接纳更广泛的创意元素,践行更丰富的艺术内涵与意义。意识的拓展能逐渐推开创意的边界,使设计者能更自由地表达个人的内在世界,并与外部世界建立更深层的联系。这种广泛的包容性和接纳性不仅丰富了艺术作品本身,也促进了艺术与社会的互动,增加了艺术内涵与意义的多样性。

　　如果个体的意识更加深远,设计可以不仅是一份工作,创意也可以不只是一项任务。当设计超越了单纯的职业工作,成为一种表达个人观念、情感、智慧和价值观的方式时,设计就不再只是解决问题的工具,而是与生命、社会和人性对话的媒介。设计师可以不仅仅是功能的解决者或视觉的美化者,也可以是文化的创造者、价值的传播者和社会的思考者。他们的创作具有触动人心、激发变革的潜力,并以创造性的方式提升人们生活的质量和社会的整体福祉。设计师既具备常人所具有的情感要素,又饱含着对生命的洞察与热爱,怀揣着对社会的理解与智慧;能够用设计去赞美一切生命之美,弘扬所有人性之善。如果意识是我们对这个世界独特的“见”,那么设计也可以是宣扬良知和善念的“窗”。

二、奠定实践基础

设计者的意识空间及其私有的感受体验可以协同扩展。人可以通过视觉、听觉、嗅觉、味觉、触觉在物质世界去实践和体验,并将这些体验和感受上升为对这个世界的认知和意识。未见山川树木,则无从描摹其形姿;不遇险途,便不知何谓坦途;不遭遇险恶,便不会明了良知之珍贵;不身处低谷,亦不会知晓高峰在何处……作为设计者,若不能理解世人的苦楚,则无从谈及如何以艺术之手去慰藉人心。可见,设计者既要有超脱于现实的艺术审美境界,还要具备对这个世界人情世故的参与与理解。如果说这里所谈的是设计者情与理的实践方面,接下来还需谈到必不可少的技与艺的方面。庄子曾认为"道""近乎技矣"。艺术创作是有计划、有目标的,换言之,艺术设计是想要表达某种理念,且有计划、有目的的策划与实践。技巧涉及创作过程中具体的技能和方法,是实现想法的基础。一个设计师需要拥有扎实的技能,如服装设计领域中的制版裁剪技术、刺绣编结手工技艺、描摹绘图技法、材料的鉴别改进技艺等。这些技术技艺是将创意具象化为实际作品的重要工具。设计者需要通过不断地学习和实践来精进自己的技艺,这样才能更好地掌握材料、工艺以及技术的运用,从而在作品中精准地表达意念。当扎实的技术与超脱的创想相融合,方可成就精妙的作品。艺则指设计师在创作过程中加入的创造性思考和个人独特的风格或表达,它代表了设计的灵魂和内在价值。当技术达到足够高级的阶段,它将不再是单纯的执行工具,而是能够被灵活运用于传达深远意念和情感。这时,技术本身就升华成了艺术。因此,对于设计者来说,掌握和精进技术技能的实践是基础,深厚的技能实践基础能够让设计者将复杂的理念具象化为实体。

历史上曾有人称艺术家是人类的瑰宝，这并非夸大其词，因为他们通过创作能够反映和塑造文化，传达情感，启发思考，促进心灵的成长，进而影响社会的发展。他们在追求永恒的美和真理的过程中，同时也承受着现实世界的种种限制和挑战。艺术家的精神意识憧憬着无限的永恒，然而身体却活在这个物质世界。艺术创作很多时候就是一种内在与外在的较量。艺术家在这个物质世界中挣扎，试图在有限的现实条件下探索无限的创意空间。这种动态的平衡既需要他们沉浸于现实，同时又要保持一定的距离以观察和反思。正是这种交织的复杂情感和经验，使艺术家能够在作品中展现出更深的人文关怀和思想深度。正如这世上的众生一般，艺术家面临着内在和外在的拉扯，也难免经历一些痛苦挣扎。然而，只有深入投入这世间生活，体味人间百态，在此实践与切身体验的基础上，才能迎来超脱，升华出无限的创意，凝结出的艺术之花才有根基与养分。

三、善用思维方法

卓越的设计者必然有着卓越的思想。设计者的思想水平影响着他的设计水准。惯常的思维方式只能提供惯常的设计形式，难免会引起审美疲劳。亚里士多德曾说："思维是从疑问和惊奇开始的。"产生疑问，往往是思维的起点。因为有思必有疑。在此语境中，质疑可以被理解为设计创作过程中必要的一种批判性态度，并非要否定一切，而是设计者可以通过质疑达到某种程度上的自主、自信，从而实现设计的原创性。质疑就会引发追问与探索。"追问"是探向未知的"触手"。追问也是思维的一种表现形式，追问可以促进对情感、现象、事物等背后的真谛的挖掘，甚至可以通过追问来审视自己，这也是发现自我的过程。每一位设计者都可以追问自己：我要表达什么？我表达给谁？为何而表达？如何来表达？……这个过程实则也包含了观察、构思、分析、实践等环节,这本就是一个有着无限可能性的创造过程。

　　不同的思维会产生不同的观念和态度,不同的观念和态度会产生不同的行动,不同的行动会产生不同的结果。僵化的思维禁锢生命,创造性的思维升华意义。脑科学家及思维研究专家们也在致力于探索思维方法和训练方式,以帮助人类提高创造力。例如,10种黄金思维,包括:发散思维、水平思维、形象思维、"六顶帽子"思维、倒转思维、转换思维、类比思维、图解思维、U形思维以及灵感思维。这些思维方法为设计者提供了更多思考问题的方式和角度,打开了更多扇洞察世界的窗口。发散思维采取非线性方式产生新想法,鼓励创新和多种解决方案的生成。水平思维通过走出常规的思维模式,避免传统的、阶段性的思路,寻找问题的非传统解答。形象思维依赖视觉化和图形化来理解和解决问题,而不是只用文字或数字符号。"六顶帽子"思维是由马耳他医生、作家、发明家兼心理学家爱德华·波诺在1985年提出的一种思维工具,通过六种不同的思考角度(管理、信息、情感、判断、创造、优化)来全面分析问题。倒转思维也被称为逆向思考,从结果倒推可能的原因或问题,或者以与常理相反的方式来考虑问题。转换思维是尝试将一个领域的想法或解决方案转移到另一个不相关或看似不相关的领域。类比思维是通过将一个情况与另一个类似但不同的情况相对比,来了解新的想法或概念。图解思维是使用图表、图像和其他可视化工具来组织信息和数据,让复杂的信息结构更容易被理解。U形思维是关于理解问题、放下前设、深入潜意识,然后产生新的洞见的过程。灵感思维强调借助于直觉或突发的灵感来达到创造性突破。将这些思维方法应用于设计过程中,能够显著提高设计的质量和创新程度。它们分别关注不同的思考和创意产生的方面,共同构成了一个强大的工具集，帮助设计者从各种角度理解和塑造他们的作品。通过开阔思维，设计者可以超越常规的解决方案，探索更多的可能性，发现更多具有启发性的思维火花。

随着该领域科学研究的不断发展，还将有更多的思维方式和方法可以帮助设计者发掘个人潜能。如果将设计创作的过程比作一段旅途，那么设计者正是从质疑的起点，迈向思索与追寻的征途。其间，以方法利器辅助思考，以真知洗礼精神，方可转化出视觉的真实物象，升华出艺术的境界与意义。

结　语

基于"真"与"诚"，追求"美"与"善"。

创意元素服务于设计创作，而艺术设计则旨在满足人的需求。人构成社会，而社会的根基在某种程度上建立于"共情"之上。"共情"是维系社会的重要纽带，只有达成某种程度的共识，才能形成群体效应。然而，人们的审美并不完全统一，你认为美的，他人或许认为丑，这是个人的主观感受，无法强求一致。人的情绪、感受是直觉的自觉，非争辩所能解决。

设计者身处社会角色之中，若能以真实且诚挚的态度去体验并表达，其艺术创作便能激发人类群体的共鸣，进而调动和引导人们的情绪感受。这种引导可能导向美与善，也可能导向罪与恶，对世界产生截然不同的影响。若设计者秉持良好的道德操守与精神内涵，赞颂美德与良知，弘扬善意与美好，并引发社会关注与共鸣，这样的设计创作便更具现实意义与精神价值。

真诚的态度并非一味规避晦暗，而更像一面干净的镜子，既能映照出街市沟渠的污秽，也能映照出丽日和风、天光浩渺。世界的光明与黑暗，人性的罪恶与善良，皆能在这面镜子中显露无遗。通过展现世界人生的真实面貌，启发由身心体验所铸就的智慧。

卓越的设计需基于真实的生活体验与诚挚的创作态度。设计者需对人情世故、爱恶悲乐等有深切的理解，有时需以他人之喜为喜，以他人之悲为悲，感同身受他人的感受。此时，设计者超越个人范畴，融入社会大我，与全人类的情绪感受共鸣互动。这是一种真，更是一种善。这种对人类社会的共情，亦可延伸至自然界。自然之中亦有生命、精神与情绪。山水云树、月色星光、长河落日，皆蕴含语境与情调，真理得以在艺术的形象中闪耀。生命无穷尽，创意元素亦无穷尽，艺术境界对"美"与"善"的追寻亦永无止境。

参考文献

[1] 李当岐. 服装学概论[M]. 北京:高等教育出版社,1998.

[2] 张星. 服装流行学[M]. 北京:中国纺织出版社,2010.

[3] 丹尼尔·平克. 全新思维[M]. 高芳,译. 北京:中国财政经济出版社,2023.

[4] 顾真. 思维风暴[M]. 北京:北京联合出版公司,2015.

[5] 宗白华. 美学散步[M]. 上海:上海人民出版社,2005.

[6] 傅佩荣. 哲学与人生[M]. 北京:北京联合出版公司,2019.

[7] 宗白华. 写给大家的美学二十讲[M]. 南京:江苏凤凰文艺出版社,2020.

[8] 周至禹. 思维与设计[M]. 北京:北京大学出版社,2007.

[9] 王群山,王羿. 服装设计元素[M]. 北京:中国纺织出版社,2013.

[10] 谷崎润一郎. 阴翳礼赞[M]. 陈德文,译. 石家庄:河北教育出版社,2019.

[11] 崔荣荣. 服饰仿生设计艺术[M]. 上海:东华大学出版社,2005.

[12] 宋志明. 中国传统哲学通论[M]. 北京:中国人民大学出版社,2004.

[13] 唐纳德·A.诺曼. 设计心理学[M]. 梅琼,译. 北京:中信出版社,2003.

[14] 李峻. 基于产品平台的品牌服装协同设计研究[D]. 东华大学,2013.

[15] 刘摇摇. 中国亲子装设计研究[D]. 苏州大学,2015.

[16] 张莉. 亲子装的时尚艺术性研究[D]. 太原理工大学,2013.

[17] 杨鹏菲. 服装设计中视觉语言元素剖析[D]. 天津科技大学,

2014.

[18] 陈伟伟.基于感性匹配的服装协同设计原理及应用——以女裙装为例[D].苏州大学,2018.

[19] 王晓光.治愈系服装设计研究[D].中国美术学院,2017.

[20] 甘雨.现代建筑元素在服装设计中的创新应用[D].河北科技大学,2019.

[21] 刘琪.扎哈·哈迪德建筑元素在服装创意设计中的应用研究[D].广州大学,2018.

[22] 汤蕙菱.亲子装设计中的互动性要素探究[D].东华大学,2018.

[23] 宿伟,郑华仙.亲子服装的市场研究与预测[J].山东纺织经济,2007(5):12-14.

[24] 王斐然.音乐元素对服装设计的启发[J].群文天地,2012(4):267.

[25] 李克兢,鲍礼媛.基于情感化设计的亲子装探究[J].纺织导报,2010(8):80-81.